《数学中的小问题大定理》丛书（第九辑）

分圆多项式

——从一道美国国家队选拔考试试题的解法谈起

刘培杰数学工作室 编

◎ 分圆多项式与西格蒙德定理
◎ 分圆多项式及其系数
◎ 分圆多项式与逆分圆多项式
◎ 分圆单位系的独立性
◎ 拟分圆多项式
◎ 分圆域与高斯和
◎ 代数数论中的现代分圆域理论

HITP
哈爾濱工業大學出版社
HARBIN INSTITUTE OF TECHNOLOGY PRESS

内 容 简 介

本书共分 11 章，主要介绍了分圆多项式与西格蒙德定理、分圆多项式及其系数、分圆多项式的 Schinzel 等式、$\mathbf{F}_2$ 上一类多项式不可约因子个数的奇偶性、分圆多项式与逆分圆多项式、分圆单位系的独立性、拟分圆多项式、分圆域与高斯和、代数数论中的现代分圆域理论、基于 $\mathbf{Z}_{2p^m}$上二阶广义割圆的量子可同步码.

本书适合高等学校数学专业学生、教师及相关领域研究人员和数学爱好者参考阅读.

图书在版编目(CIP)数据

分圆多项式：从一道美国国家队选拔考试试题的解法谈起/刘培杰数学工作室编. —哈尔滨：哈尔滨工业大学出版社，2025. 1. --ISBN 978 - 7 - 5767 - 1425 - 8

Ⅰ. O156. 2

中国国家版本馆 CIP 数据核字第 2024FY7441 号

FENYUAN DUOXIANGSHI：GONG YIDAO MEIGUO GUOJIADUI XUANBA KAOSHI SHITI DE JIEFA TANQI

策划编辑　刘培杰　张永芹
责任编辑　李广鑫
封面设计　孙茵艾
出版发行　哈尔滨工业大学出版社
社　　址　哈尔滨市南岗区复华四道街 10 号　邮编 150006
传　　真　0451 - 86414749
网　　址　http://hitpress. hit. edu. cn
印　　刷　辽宁新华印务有限公司
开　　本　787 mm×1 092 mm　1/16　印张　10. 25　字数　164 千字
版　　次　2025 年 1 月第 1 版　2025 年 1 月第 1 次印刷
书　　号　ISBN 978 - 7 - 5767 - 1425 - 8
定　　价　48. 00 元

⊙ 目录

第1章 引言

世界著名数学家亚力克塞得罗夫(P. S. Aleksandrov) 曾指出：

> 在数学中(可能所有认真地关心过数学的人都有这种经验),认知的准则与审美的准则是分不开的,与从突然揭示了具有新的奇妙和新的结构的知识所得到的喜悦是分不开的.在大多数情况下,审美的准则压倒了对所获科学进展的所有其他严肃和客观的准则,而这类进展在数学思想的各个分支中都可能出现并且具有头等重要性.

对于解数学竞赛试题而言也是如此.一个用到意想不到的工具的新奇解法无疑是美的,如：

例1 对于素数 p,若模 p 的剩余的一个子集 S 满足：

(1) 不存在模 p 的非零剩余 α,使得 $S=\{1,\alpha,\alpha^2,\cdots\}$(均在模 p 的意义下).

(2) 不存在 $a,b,c\in S$(可以相同),使得 $a+b\equiv c(\bmod p)$,则称 S 为 $\mathscr{F}_p$ 的一个"和自由乘法子群".

证明:对于每个正整数 N,均存在一个素数 p 和 $\mathscr{F}_p$ 的一个和自由乘法子群 S,使得 $|S|\geqslant N$.

(2014 年美国国家队选拔考试)

证明 下面证明一个更强的结论.

将条件(2)中"$0\notin S+S-S$"一般化为"$0\notin a_1S+a_2S+\cdots+a_kS$",其中,$a_1,a_2,\cdots,a_k$ 为固定的整数,且和 $a_1+a_2+\cdots+a_k$ 不为0(在原问题中,$k=3$,且 $(a_1,a_2,a_3)=(1,1,-1)$).

固定正整数 N(在后面会具体说明),再取一个较大的素数 p,使得 $p \equiv 1 \pmod N$(不需要用狄利克雷(Dirichlet)定理,由分圆多项式的结论有无穷多个这样的素数.沿着这个思路,对于 $N = 4$,用多项式$x^2 + 1$).

在后面具体说明 p 的大小.

设 α 为模 p 的 N 次单位根,即对于一个原根 g,$\alpha = g^{\frac{p-1}{N}}$ 的阶为 N.

先证明一个引理.

引理 若对于任意满足 $p \equiv 1 \pmod N$ 的较大的素数p,和集$a_1S + a_2S + \cdots + a_kS$ 包含0(模 p 意义下),则在0和 $N-1$ 之间存在 $i_1, i_2, \cdots, i_k$,使得多项式

$$f(x) = a_1x^{i_1} + a_2x^{i_2} + \cdots + a_kx^{i_k} \tag{1}$$

被 N 级分圆多项式 $\Phi_N(x)$ 整除(在 $\mathbf{Q}$ 上成立,因此,在 $\mathbf{Z}$ 上也成立).

(证明将用到 Φ_N 的不可约性,但只需考虑特殊情况,如 N 为素数,这样证明比较容易.)

引理的证明 可从模 p 的 N 次单位根转为真正的 N 次单位根.

首先,由 $\alpha^N \equiv 1 \pmod p$,知和集包含0等价于存在$i_1, i_2, \cdots, i_k \in \{0, 1, \cdots, N-1\}$,使得$f(\alpha) \equiv 0 \pmod p$.

通过对根的个数的计算,知在 $\mathscr{F}_p$ 中,有多项式恒等式

$$x^N - 1 \equiv (x-\alpha)(x-\alpha^2)\cdots(x-\alpha^N)$$

若 z 为 N 次单位原根,则在 $\mathbf{C}$ 中,有

$$x^N - 1 = (x-z)(x-z^2)\cdots(x-z^N)$$

于是,$z, z^2, \cdots, z^N$ 的对称和在模p 的意义下与 $\alpha, \alpha^2, \cdots, \alpha^N$ 的对称和是一样的.

由对称和理论,遍历所有有效的 $i_1, i_2, \cdots, i_k \in \{0, 1, \cdots, N-1\}$,$f(\alpha)$ 的积(每个选择决定某个f)为整数,在模p 的意义下这个整数与遍历所有有效的$i_1, i_2, \cdots, i_k \in \{0, 1, \cdots, N-1\}$,$f(z)$ 的积(整数)是一样的,则任意大的素数p整除整数 $\prod\limits_{[0, N-1]^k} f(z)$,这个整数一定为0.从而,存在一个关于 $i_1, i_2, \cdots, i_k$ 的选取,使得$f(z) = 0$.故 z 的最小的多项式 $\Phi_N(x)$(由 $\Phi_N(x)$ 的不可约性)整除$f(x)$.

引理得证.

由引理,取 $N = q$ 为任意的素数,则

$$\Phi_N(x) = \Phi_q(x) = \frac{x^q - 1}{x - 1}$$

整除式(1),其中,$f(x)$ 为一个 k 项式,要么恒为0,要么是一个次数最多为 $N-$

$1=q-1$ 次的非零多项式.

若 f 不总为 0,且 $q>k$,因为 $\frac{x^q-1}{x-1}=x^{q-1}+x^{q-2}+\cdots+x+1$ 的次数为 $q-1$(至少为 f 的次数),所以,f 的系数一定全相等.

而 $i_1,i_2,\cdots,i_k$ 不可能遍历所有的 $0,1,\cdots,q-1$,于是,f 的系数有一项为 0.从而,f 的所有系数均为 0.

由于 $f(x)=0$,因此 $f(1)=a_1+a_2+\cdots+a_k=0$,矛盾.

北京大学的张鑫垚同学曾用分圆多项式理论给出了张云勇教授征解问题的一个巧妙证法:

例2 设 p 是一个奇素数,ω 是 p 次单位虚根

$$F_p=\sum_{j=0}^{p-1}\prod_{k=0}^{\frac{p-1}{2}}(1+\omega^{(2k+1)j})$$

证明:

(1) 当 $p\equiv\pm1\pmod 8$ 时,$F_p=2^{\frac{p+1}{2}}-2$.

(2) 当 $p\equiv\pm3\pmod 8$ 时,$F_p=2^{\frac{p+1}{2}}+2$.

证明 设 $A_j=\prod_{k=0}^{\frac{p-1}{2}}(1+\omega^{(2k+1)j})$,$B_j=\prod_{k=1}^{\frac{p-1}{2}}(1+\omega^{2kj})$.首先证明

$$A_j=\begin{cases}2^{\frac{p+1}{2}} & ,j=0\\ 2\left(\frac{2}{p}\right)\omega^{j\frac{(p-1)^2}{8}} & ,j\neq0\end{cases}$$

其中若幂为分数,则表示模 p 的数论倒数.

① 当 $j=0$ 时,$\omega^j=1$,故此时 $A_j=2^{\frac{p+1}{2}}$.

② 当 $j\neq0$ 时,首先由 ω^j 是次单位根知 ω^j 在 $\mathbf{Q}$ 上的极小多项式为

$$f(x)=1+x+\cdots+x^{p-1}$$

由

$$\begin{aligned}A_j&=2(1+(\omega^j)^1)(1+(\omega^j)^3)\cdots(1+(\omega^j)^{p-2})\\&=2(\omega^j+(\omega^j)^1)(\omega^j+(\omega^j)^3)\cdots(\omega^j+(\omega^j)^{p-2})\\&=2(1+(\omega^j)^{p-1})(1+(\omega^j)^{p-3})\cdots(1+(\omega^j)^2)\omega^{j\frac{(p-1)^2}{4}}\end{aligned}$$

得到

$$A_j = 2B_j\omega^{j\frac{(p-1)^2}{4}}$$

其次知道

$$\begin{aligned}&(1+(\omega^j)^1)(1+(\omega^j)^2)\cdots(1+(\omega^j)^{p-1})\\=&(1+\omega)(1+\omega^2)\cdots(1+\omega^{p-1})\\=&\frac{(-1)^p-1}{-1-1}=1\end{aligned}$$

于是有 $A_jB_j=2$,从而

$$A_j^2=4\omega^{j\frac{(p-1)^2}{4}}\Rightarrow A_j=2\omega^{j\frac{(p-1)^2}{8}}\varepsilon_j(\varepsilon_j=\pm 1)$$

下面来确定 ε_j.

$$A_j=2(1+(\omega^j)^1)(1+(\omega^j)^3)\cdots(1+(\omega^j)^{p-2})=2\omega^{j\frac{(p-1)^2}{8}}\varepsilon_j$$

即

$$(1+(\omega^j)^1)(1+(\omega^j)^3)\cdots(1+(\omega^j)^{p-2})=2\omega^{j\frac{(p-1)^2}{8}}\varepsilon_j$$

由于 $\omega^{j\frac{(p-1)^2}{8}}$ 为 p 次单位根,于是容易得到,将上式展开后,$\omega^i(i=0,1,2,\cdots,p-1)$ 的系数必然全部相等,而系数之和为 $2^{\frac{p-1}{2}}-\varepsilon_j$,从而有 $2^{\frac{p-1}{2}}\equiv\varepsilon_j(\bmod p)$.于是

$$\varepsilon_j\equiv\left(\frac{2}{p}\right)(\bmod p)\Rightarrow\varepsilon_j=\left(\frac{2}{p}\right)$$

其中 $\left(\frac{2}{p}\right)$ 为勒让德(Legendre)符号.故所求为

$$\sum_{j=0}^{p-1}A_j=2^{\frac{p+1}{2}}+2\left(\frac{2}{p}\right)\left(\sum_{j=1}^{p-1}\omega^{j\frac{(p-1)^2}{8}}\right)=2^{\frac{p+1}{2}}-2\left(\frac{2}{p}\right)$$

即为

$$\begin{cases}2^{\frac{p+1}{2}}-2,p\equiv\pm 1(\bmod 8)\\2^{\frac{p+1}{2}}+2,p\equiv\pm 3(\bmod 8)\end{cases}$$

证毕.

第2章 分圆多项式与西格蒙德定理

对于中学生而言,分圆多项式还是比较陌生的,但在近些年的国家集训队测试中,读者也可以看到相关的一些应用. 分圆多项式在前沿数学领域起到了一些作用,如近些年有关费马(Fermat)素数和梅森(Mersenne)素数的快速分解,就恰好依靠的是 $\Phi_n(2)$ 的性质. 上海市上海中学的顾滨老师 2018 年介绍了一些分圆多项式的性质,且利用分圆多项式证明了西格蒙德(Zsigmondy)定理①,同时应用这些知识解决了一些数学问题.

2.1 知识介绍

定义1 设 n 为正整数,$\varepsilon_n=\mathrm{e}^{\frac{2\pi\mathrm{i}}{n}}$ 为 n 次单位根之一,则定义 n 阶分圆多项式为

$$\Phi_n(x)=\prod_{\substack{1\leqslant k<n\\(k,n)=1}}(x-\varepsilon_n^k)$$

用欧拉(Euler)函数 $\varphi(n)$ 表示小于 n 且与 n 互素的正整数个数,则 $\Phi_n(x)$ 的次数为 $\varphi(n)$.

定义2 对 n 次单位根 ε,用指数 $\operatorname{ord}(\varepsilon)$ 表示满足 $\varepsilon^k=1$ 的最小的 k;称 $\operatorname{ord}(\varepsilon)=n$ 的单位根为本原单位根.

由定义2中的最小性,知 n 次单位根的指数为 n 的约数. 故分圆多项式可以换一个角度表示为

若设 $\eta_1,\eta_2,\cdots,\eta_{\varphi(n)}$ 为 $\varphi(n)$ 个 n 次本原单位根,则

$$\Phi_n(x)=\prod_{i=1}^{\varphi(n)}(x-\eta_i)$$

① ANDY L. Zsigmondy's theorem. Mathematical Excalibur, 2012,16(4).

关于 $\Phi_n(x)$ 为 $\varphi(n)$ 次不可约的整系数多项式的证明留给读者.

定理 1 设 n 为正整数,则

$$x^n-1=\prod_{d\mid n}\Phi_d(x)$$

证明

$$x^n-1=\prod_{\substack{\varepsilon\text{为1的}n\text{次}\\\text{单位根}}}(x-\varepsilon)=\prod_{d\mid n}\prod_{\substack{\varepsilon\text{为}d\text{次本}\\\text{原单位根}}}(x-\varepsilon)=\prod_{d\mid n}\Phi_d(x)$$

可以通过比较多项式的系数得到一个有关欧拉函数的平凡结果

$$n=\sum_{d\mid n}\varphi(d)$$

定理 2 设 n 为正整数,则 Φ_n 的所有系数均为整数,即 $\Phi_n(x)\in\mathbf{Z}[x]$.

证明 归纳法.

首先,$\Phi_1(x)\in\mathbf{Z}[x]$,且首一.

假设小于 n 阶的均为整系数多项式且首一,即

$$\Phi_n(x)=\prod_{\substack{1\leqslant k<n\\(k,n)=1}}(x-\varepsilon_n^k)$$

则由带余除法,知存在 $q,r\in\mathbf{Z}[x]$,使得

$$x^n-1=q(x)\prod_{\substack{d\mid n\\d<n}}\Phi_d(x)+r(x)$$

且

$$\deg r(x)<\deg\prod_{\substack{d\mid n\\d<n}}\Phi_d(x)$$

由于在 $\mathbf{Q}[x]$ 中已有

$$x^n-1=\Phi_n(x)\prod_{\substack{d\mid n\\d<n}}\Phi_d(x)$$

于是,只可能 $\Phi_n(x)=q(x)\in\mathbf{Z}[x]$.

而 $\Phi_n(0)=\dfrac{-1}{\Phi_1(0)\prod\limits_{\substack{d\mid n\\1<d<n}}\Phi_d(0)}=1$,故也满足首一.

从而,原结论成立.

定义 3 麦比乌斯(Möbius)函数

$$\mu(n)=\begin{cases}1 & ,n=1\\0 & ,p>1\text{ 且 }p^2\mid n\\(-1)^k & ,n=p_1\cdots p_k\end{cases}$$

其中,n 为正整数,第二种情况中 p 为素数,第三种情况中素数 $p_1,\cdots,p_k$ 两两不同.

显然,麦比乌斯函数为可乘函数,即

$$\mu(mn)=\mu(n)\mu(m)\ (m,n\in \mathbf{Z}_+)$$

定理 3　麦比乌斯反演公式:

若 $f(n)=\sum\limits_{d\mid n}g(d)$,则

$$g(n)=\sum_{d\mid n}f(d)\mu\left(\frac{n}{d}\right)$$

证明　注意到

$$\begin{aligned}\sum_{d\mid n}f(d)\mu\left(\frac{n}{d}\right)&=\sum_{d\mid n}\left(\mu\left(\frac{n}{d}\right)\sum_{m\mid d}g(m)\right)\\&=\sum_{m\mid n}\left(g(m)\sum_{\substack{m\mid d\\ d\mid n}}\mu\left(\frac{n}{d}\right)\right)\\&=\sum_{m\mid n}\left(g(m)\sum_{d\mid \frac{n}{m}}\mu(d)\right)=g(n)\end{aligned}$$

最后一步是因当 $k>1$ 时,$\sum\limits_{d\mid k}\mu(d)=0$.

下面介绍西格蒙德定理.

定理形式 1　对于任意的 (a,n),$a,n\in\mathbf{Z}_+$,除了 $n=1$ 和 $(a,n)=(2,6)$,均存在素数 p,使得 $\delta_p(a)=n$,即取满足 $a^n\equiv 1\pmod p$ 最小的为 n.

定理形式 2　若正整数 $a>b$,$(a,b)=1$,$n\geqslant 2$,则 a^n-b^n 至少有一个素因子 p,使得对于任意的 $k<n\ (k\in\mathbf{Z}_+)$,均有 $p\nmid(a^k-b^k)$,以下情况除外:

(1) $a=2$,$b=1$,对 $n=6$.

(2) $n=2$,$a+b$ 为 2 的幂.

定理形式 3　若正整数 a,b,n 满足 $a>b$,$n\geqslant 2$,则 a^n+b^n 至少有一个素因子 p,使得对任意的 $k\in\mathbf{Z}_+$,$p\nmid(a^k+b^k)$,以下情况例外:$(a,b,n)=(2,1,3)$.

由于定理形式 1 是定理形式 2 在 $b=1$ 时的特殊情况,因此本章给出定理形式 2 的证明,这里探究:"已知整数 $a>b>1$,$(a,b)=1$,对怎样的 (a,b) 满足如下条件:对任意大于 1 的正整数 n,存在素数 q,使得 $q\mid(a^n-b^n)$,且对任意的 $k<n\ (k\in\mathbf{Z}_+)$,均有 $q\nmid(a^k-b^k)$."

定理形式 2 的证明　首先固定一组正整数 (a,b),对每个素数 p,若存在正整数 m,使得 $p\mid(a^m-b^m)$,则将最小的这样的 m 记为 $f(p)$. 若这样的 m 不存在,

则取$f(p)=0$.

当$f(p)>0$时,$f(p)=\delta_p\left(\frac{a}{b}\right)$.

对每个大于1的正整数n,设n的标准素因子分解式为

$$n=p_1^{\alpha_1}p_2^{\alpha_2}\cdots p_i^{\alpha_i}$$

其中,$p_i(i=1,2,\cdots,t)$为素数,$\alpha_i(i=1,2,\cdots,t)$为非负整数. 记

$$S=\prod_{d\mid n}(a^{\frac{n}{d}}-b^{\frac{n}{d}})^{\mu(d)}$$

其中,$\mu(d)$为麦比乌斯函数,则

$$S=\prod_{\substack{1\leqslant i_1<i_2<\cdots<i_j\leqslant t\\ j=0,1,\cdots,t}}(a^{\frac{n}{p_{i_1}p_{i_2}\cdots p_{i_j}}}-b^{\frac{n}{p_{i_1}p_{i_2}\cdots p_{i_j}}})^{(-1)^j}$$

当$j=0$时,$p_{i_1}=p_{i_2}=\cdots=p_{i_j}=1,S\in\mathbf{Q}_+$,则对每个满足$1\leqslant f(p)<n$的素数$p$,考虑$p$在$S$中的幂次,可知只有当$f(p)\mid p$时,$p$在$S$中才可能为非零幂次.

下面分两类情形讨论.

① 若素数$p\neq p_i$,且$f(p)=\frac{n}{p_i^{\alpha_i}}$.

则存在某个素数$p_i\neq p$,且$f(p)\left|\frac{n}{p_i}\right.$,此时,若$p^\alpha\parallel(a^l-b^l)(\alpha,l\in\mathbf{Z}_+)$,记$a^l=b^l+up^\alpha(p\nmid u)$,则模$p^{\alpha+1}$可知$p^\alpha\parallel(a^{lp_i}-b^{lp_i})$.

对每个$p_{i_1}p_{i_2}\cdots p_{i_j}=d$,若$p_i\in\{p_{i_1},p_{i_2},\cdots,p_{i_j}\}$,记$p^\alpha\parallel(a^{\frac{n}{d}}-b^{\frac{n}{d}})(\alpha\in\mathbf{N})$.

(i)若$\alpha\neq0$,则

$$p^\alpha\parallel(a^{\frac{np_i}{d}}-b^{\frac{np_i}{d}})$$

且在$d=p_{i_1}p_{i_2}\cdots p_{i_j}$与$\frac{p_{i_1}-p_{i_j}}{p_i}$的情况下,幂次恰为一正一负,故抵消.

(ii)若$\alpha=0$,则由

$$p\mid(a^{f(p)}-b^{f(p)})$$

且

$$(a^{f(p)}-b^{f(p)})\mid(a^{\frac{n}{p_i}}-b^{\frac{n}{p_i}})$$

知$\frac{n}{d}$中素数p_i的次数不小于$f(p)$中p_i的次数.

由 $f(p)=\delta_p\left(\frac{a}{b}\right)$，及指数性质知

$$p\nmid\left(a^{\frac{np_i}{d}}-b^{\frac{np_i}{d}}\right)$$

综上，素数 p 在 S 中的次数为0.

② 若 $p=p_i$，且 $f(p)=\frac{n}{p_i^{\alpha_i}}$.

则 S 中含素数 p 的因式为 a^n-b^n 及 $(a^{\frac{n}{p}}-b^{\frac{n}{p}})^{-1}$.

记 $p^\alpha \parallel (a^{\frac{n}{p}}-b^{\frac{n}{p}})$，并设 $a^{\frac{n}{p}}=b^{\frac{n}{p}}+up^\alpha$.

于是，$p=2$，且 $\alpha=1$ 时，$p^{\alpha+2}\mid(a^n-b^n)$；否则，$p^{\alpha+1}\parallel(a^n-b^n)$.

这里直接解决 $p=2,\alpha=1$ 的情况，此时，$n=2$（$n=2$ 时，$a^2-b^2=(a-b)(a+b)$，$(a+b,a-b)=(2,a+b)$）.

根据这些条件，除非 $a+b$ 为2的幂次，否则，问题中的 q 依然存在. 不过 $a+b$ 为 α 的幂次时不符合要求.

下设 $p=2$ 与 $\alpha=1$ 不同时满足，则 $p\parallel S$.

同样设 $n>2$，对于 S 中余下的素因子 q（若存在）均满足 $f(q)=n$，q 为 a^n-b^n 的素因子，而 a^n-b^n 在 S 中的次数为1，这表明，S 为正整数，从而，这样的 q 存在等价于：不存在 p 满足②时 $S>1$；存在 p 满足②时（$p\neq 2$ 或 $p^2\mid(a^{\frac{n}{p}}-b^{\frac{n}{p}})$，$S>p$）.

下面对 S 的范围进行估计.

首先证明

$$S=\prod_{\substack{1\leqslant d\leqslant n\\(d,n)=1}}(a-b\varepsilon^d)\quad\left(\varepsilon=e^{\frac{2\pi i}{n}}\right)\tag{1}$$

事实上，由于 $x^n-1=\prod\limits_{d\mid n}\Phi_d(x)$，则

$$\Phi_n(x)=\prod_{d\mid n}(x^d-1)^{\mu\left(\frac{n}{d}\right)}=\prod_{d\mid n}(x^{\frac{n}{d}}-1)^{\mu(d)}$$

此由两边取对数后应用麦比乌斯反演公式即得.

其实，S 是 n 次分圆多项式，由

$$\prod_{d\mid n}(x^{\frac{n}{d}}-1)^{\mu(d)}=\prod_{\substack{1\leqslant d\leqslant n\\(d,n)=1}}(x-\varepsilon^d)$$

令 $x=\frac{a}{b}$,并注意到两边次数相等,即有

$$\prod_{d\mid n}\left(a^{\frac{n}{d}}-b^{\frac{n}{d}}\right)^{\mu(d)}=\prod_{\substack{1\leqslant d\leqslant n\\(d,n)=1}}\left(a-b\varepsilon^{d}\right)$$

从而,式(1)得证.

接下来,由虚根成对原理知

$$S=\prod_{\substack{1\leqslant d<\frac{n}{2}\\(d,n)=1}}\left(a^{2}+b^{2}-2ab\cos\frac{2\pi d}{n}\right)$$

下面又分 3 种情况讨论.

情况 1 若没有素数 p 满足 ②,则

$$\begin{aligned}S&=\prod_{\substack{1\leqslant d<\frac{n}{2}\\(d,n)=1}}\left(a^{2}+b^{2}-2ab\cos\frac{2\pi d}{n}\right)\\&\geqslant\left(a^{2}+b^{2}-2ab\cos\frac{2\pi}{n}\right)\prod_{\substack{1<d<\frac{n}{2}\\(d,n)=1}}(a-b)^{2}\\&>(a-b)^{2}\\&\geqslant 1\end{aligned}$$

因此,这样的 q 存在.

情况 2 若 $p=2$ 时满足 ②,且 $4\mid\left(a^{\frac{n}{2}}-b^{\frac{n}{2}}\right)$,则 $f(p)=1$. 可设 $n=2^{\beta}$(整数 $\beta\geqslant 2$). 此时

$$S=a^{2^{\beta-1}}+b^{2^{\beta-1}}>2$$

因此,这样的 q 存在.

情况 3 若存在某个 $p>2$ 满足 ②,下面再分 3 种情况进行讨论.

(ⅰ)$a=2,b=1$.

此时,取 $n=6$,(a,b) 不符合条件.

(ⅱ)$n=1,a>2$.

此时

$$S=\prod_{\substack{1\leqslant d<\frac{n}{2}\\(d,n)=1}}\left(a^{2}+b^{2}-2ab\cos\frac{2\pi d}{n}\right)$$

$$\geqslant \prod_{\substack{1\leqslant d<\frac{n}{2}\\(d,n)=1}}(a-b)^2$$

$$\geqslant \prod_{\substack{1\leqslant d\leqslant n\\(d,n)=1}}2$$

$$=2^{\varphi(n)}$$

由 $p\mid n$ 及 $\varphi(n)$ 的表达式知 $(p-1)\mid\varphi(n)$,故

$$\varphi(n)\geqslant p-1, S\geqslant 2^{p-1}>p$$

因此,q 存在.

(ⅲ)$b\geqslant 2$.

则

$$S=\prod_{\substack{1\leqslant d<\frac{n}{2}\\(d,n)=1}}\left((a-b)^2+2ab\left(1-\cos\frac{2\pi d}{n}\right)\right)$$

$$\geqslant b^{\varphi(n)}\prod_{\substack{1\leqslant d<\frac{n}{2}\\(d,n)=1}}\left(2-2\cos\frac{2\pi d}{n}\right)$$

其中,$\prod\limits_{\substack{1\leqslant d<\frac{n}{2}\\(d,n)=1}}\left(2-2\cos\frac{2\pi d}{n}\right)$ 实质上为 S 在 $(a,b)=(1,1)$ 时的情况,故其为正整数.

从而,$S\geqslant b^{\varphi(n)}\geqslant 2^{p-1}>p$.

因此,q 存在.

综上,(a,b) $(a+b\neq 2^{\alpha}(\alpha\in\mathbf{Z}_+)$ 且 $(a,b)\neq(2,1))$ 均满足条件.

注　$(a,b)=(2,1)$,且 $n\neq 6$ 时,q 不存在. 至此,西格蒙德定理形式2的证明完成.

2.2　应用举例

下面来看几个利用分圆多项式及西格蒙德定理解决问题的例子.

例1　已知 n 为正整数,x_0 为一个整数,则对于 $\Phi_n(x_0)$ 的每个素因子 p,或 $n\mid(p-1)$,或 $p\mid n$.

证明　先证明一个引理.

引理　设 p 为素数,并假设在模 p 意义下,x^n-1 有重根,即存在整数 a 和

多项式 $f(x) \in \mathbf{Z}[x]$，使得

$$x^n - 1 = (x-a)^2 f(x) \pmod p$$

则 $p \mid n$.

引理的证明 显然，$p \nmid a$.

作代换 $y = x - a$，得

$$(y+a)^n - 1 \equiv y^2 f(x+a) \pmod p$$

比较 y 项系数得 $na^{n-1} \equiv 0 \pmod p$.

因此，$p \mid n$.

引理得证.

若 $k = \operatorname{ord}_p(x_0) < n$，由于

$$p \mid \Phi_n(x_0), \Phi_n(x_0) \mid (x_0^n - 1)$$

则 $k \mid n$.

从而，$x_0^k \equiv 1 \pmod p$.

故 $x^k - 1 \equiv (x - x_0) h(x) \pmod p$，其中，$h(x) \in \mathbf{Z}[x]$.

而 p 也为 $\Phi_n(x_0)$ 的因子，由定理 1 的分解公式得

$$x^k - 1 \equiv (x - x_0)^2 h(x) g(x) \pmod p$$

其中，$g(x) \in \mathbf{Z}[x]$.

从而，由引理 1 得 $p \mid n$.

若 $k = \operatorname{ord}_p(x_0) = n$，则 $n \mid (p-1)$.

例 2 设 p 为素数. 证明：存在一个素数 q，使得对任意整数 n，$n^p - p$ 不为 q 的倍数.

（第 44 届国际数学奥林匹克竞赛试题）

证明 令 q 为 $\Phi_p(p)$ 的素因子，而

$$\Phi_p(p) = \frac{p^p - 1}{p - 1} = \sum_{j=0}^{p-1} p^j \not\equiv 1 \pmod{p^2}, \Phi_p(p) \equiv 1 \pmod p$$

故 $p^2 \nmid (q-1)$，且 $(p,q) = 1$.

由例 1 的结论，知只能 $p \mid (q-1)$.

若存在 $n^p \equiv p \pmod q$，则由费马小定理得

$$p^{\frac{q-1}{p}} \equiv n^{q-1} \equiv 1 \pmod q$$

故

$$q \mid (p^{\frac{q-1}{p}} - 1, p^p - 1) \Rightarrow q \mid (p^{(\frac{q-1}{p}, p)} - 1) \Rightarrow q \mid (p-1)$$

这与之前得到的 $p \mid (q-1)$ 结论矛盾.

例 3　求所有的正整数组 (a,n,p,q,r)，满足

$$a^n-1=(a^p-1)(a^q-1)(a^r-1) \tag{1}$$

（2011 年日本数学奥林匹克竞赛试题）

分析　若 $a \geqslant 3$，且 $n \geqslant 3$，则由西格蒙德定理，知 a^n-1 存在一个素因子不整除 a^p-1, a^q-1, a^r-1（显然 $n > \max\{p,q,r\}$）. 此时，方程(1) 无解.

接下来，对于 $a<3$ 或 $n<3$ 的情况均属于简单情况，留给读者.

例 4　设 p 为素数，a 为正整数. 试求不定方程 $p^a-1=2^n(p-1)$ 的所有正整数解.

解　显然，$p=2$ 满足题给方程.

现设 p 为奇素数.

若 a 不为素数，可设 $a=uv$（u,v 均为大于 1 的整数）.

则由西格蒙德定理，知 p^u-1 有一个不整除 $p-1$ 的素因子，而

$$(p^u-1) \mid (p^a-1) \Rightarrow (p^u-1) \mid 2^n(p-1)$$

故该素因子必为 2. 但由西格蒙德定理，知 p^a-1 也有一个既不整除 p^u-1 又不整除 $p-1$ 的素因子（其不为 2），矛盾.

从而，a 为素数.

若 $a=2$，则 $p=2^n-1$（梅森素数）；

若 a 为奇素数，由西格蒙德定理，知

$$p^a-1=2^n(p-1)$$

有一个素因子不整除 $p-1$，故该素因子必为 2，但与 $2 \mid (p-1)$ 矛盾.

综上，不定方程无正整数解.

例 5　已知 $q>p>2$ 均为素数. 证明：$2^{pq}-1$ 至少有 3 个不同的素因子.

（2010 年波兰数学奥林匹克竞赛试题）

证明　注意到

$$(2^p-1) \mid (2^{pq}-1), (2^q-1) \mid (2^{pq}-1)$$

从而，由西格蒙德定理知：

①$2^{pq}-1$ 有一个素因子 p_1，满足 $p_1 \nmid (2^p-1)$，$p_1 \nmid (2^q-1)$.

②$2^q-1$ 有一个素因子 p_2，满足 $p_2 \nmid (2^p-1)$.

③$2^p-1$ 有一个素因子 p_3.

从而，结论得证.

例 6 设 k 为给定的正整数. 试求所有正整数 a,使得存在正整数 n,满足 $n^2 \mid (a^n - 1)$ 且 n 恰有 k 个不同的素因子.

解 当 $a = 1$ 时,令

$$n = p_1 p_2 \cdots p_k \quad (p_1 < p_2 < \cdots < p_k \text{ 为素数})$$

即可.

先证明:当 $a = 2$ 时,若 $n > 1$,则

$$n \nmid (2^n - 1)$$

反证法.

若 $n \mid (2^n - 1)$,则 n 必为奇数.

设 q 为 n 的最小的素因子,则

$$q \mid (2^n - 1) \quad (q \text{ 为奇数})$$

而由费马小定理知 $q \mid (2^{q-1} - 1)$.

故 $q \mid (2^{(n,q-1)} - 1) \Rightarrow q \mid (2^1 - 1) \Rightarrow q \mid 1$.

注意到,q 的最小性且 $q \geqslant 3$,推出矛盾.

再证明:当 $a \geqslant 3$ 时,均满足要求.

固定 a,对 k 归纳证明加强命题:

存在正整数 n,n 恰有 k 个不同的素因子,它们在 n 中的幂次均为 1.

当 $k = 1$ 时,取 n 为 $a - 1$ 的一个素因子 p,设 $a - 1 = kp(k \in \mathbf{Z}_+)$,则

$$a^p - 1 = (kp + 1)^p - 1 = \sum_{i=2}^{p} \mathrm{C}_p^i (kp)^i + kp^2 \equiv 0 \pmod{p^2}$$

满足要求.

假设当 $k = s$ 时,存在

$$n = p_1 p_2 \cdots p_s \quad (p_1 < p_2 < \cdots < p_s \text{ 为素数})$$

且 $n^2 \mid (a^n - 1)$.

则由西格蒙德定理,知 $a^n - 1$ 有一个素因子 r,使得对任意的 $1 \leqslant k < n(k \in \mathbf{Z}_+)$,均有 $r \nmid (a^k - 1)$.

故对于任意的 $i(i = 1, 2, \cdots, s)$,有 $r \neq p_i$;否则,$r = p_i$,$p_i \mid (a^{p_i - 1} - 1)$,而 $p_i - 1 < p_i \leqslant n$,矛盾.

令 $n' = nr$,则

$$a^{n'} - 1 = a^{nr} - 1 = (a^n - 1) \sum_{k=0}^{r-1} (a^n)^k$$

由 $a^n \equiv 1 \pmod r$,知

$$\sum_{k=0}^{r-1}(a^n)^k \equiv 0 \pmod r$$

于是，$r^2 \mid (a^{n'}-1)$.

而 $n^2 \mid (a^n-1)$，$(a^n-1) \mid (a^{n'}-1)$，且 $(r,n)=1$，故 $(n')^2(a^{n'}-1)$.

这表明，加强命题在 $s+1$ 时也成立.

从而，对任意的正整数 k，均有 n 存在.

综上，所求 a 为不等于 2 的一切正整数.

2.3　练习题

1. 已知 n 为正整数. 证明：

$$\Phi_n(x)=\prod_{d\mid n}(x^{\frac{n}{d}}-1)^{\mu(d)}$$

提示　对定理 1 中的乘积函数运用麦比乌斯反演公式即可.

2. 已知 p 为素数. 证明：

$$\Phi_{pm}(x)=\begin{cases}\Phi_m(x^p), & p \mid m \\ \dfrac{\Phi_m(x^p)}{\Phi_m(x)}, & p\nmid m\end{cases}$$

提示　注意到

$$\begin{aligned}\Phi_{pm}(x)&=\prod_{\substack{d\mid pm\\ p\mid d}}(x^d-1)^{\mu\left(\frac{pm}{d}\right)}\prod_{\substack{d\mid pm\\ p\nmid d}}(x^d-1)^{\mu\left(\frac{pm}{d}\right)}\\&=\Phi_m(x^p)\prod_{\substack{d\mid pm\\ p\nmid d}}(x^d-1)^{\mu\left(\frac{pm}{d}\right)}\end{aligned}$$

若 $p\mid m$，有 $p^2\left|\dfrac{pm}{d}\right.$，则 $\mu\left(\dfrac{pm}{d}\right)=0$.

若 $p\nmid m$，则

$$\mu\left(\frac{pm}{d}\right)=\mu(p)\mu\left(\frac{m}{d}\right)=-\mu\left(\frac{m}{d}\right)$$

3. 已知 n 为正整数. 求下述方程的整数 $q>1$ 的解

$$q^n-1=q-1+\sum_{\substack{n(a)\mid n\\ n(a)\neq n}}\frac{q^n-1}{q^{n(a)}-1}$$①

提示 当 $n=1$ 时,所有的 q 均成立.

当 $n\geqslant 2$ 时,对于 n 的每个正因子 d,若 $d<n$,则 $\Phi_n(x)$ 的每个根均为 $\frac{x^n-1}{x^d-1}\in\mathbf{Z}[x]$ 的根,故

$$\Phi_n(x)\left|\frac{x^n-1}{x^d-1}\Rightarrow\Phi_n(q)\right|\frac{q^n-1}{q^d-1}\quad(d\mid n,d<n)$$

代入原方程得 $\Phi_n(q)\mid(q-1)$.

当 $n,q\geqslant 2$ 时,取一个原根 $\zeta_n=\mathrm{e}^{\frac{2\pi\mathrm{i}}{n}}$. 对每个 r,只要 $\zeta_n^r\neq 1$,均有

$$|q-\zeta_n^r|>q-1\Rightarrow|\Phi_n(q)|>(q-1)^{\varphi(n)}\geqslant q-1$$

这与 $\Phi_n(q)\mid(q-1)$ 矛盾.

4. 设 p 为素数. 试求不定方程 $p^x-y^p=1$ 的所有正整数解.

提示 若 $y>1$ 且 $p\neq 3$,则由西格蒙德定理,知 y^p+1 有一个素因子不整除 $y+1$. 但 $(y+1)\mid(y^p+1)$,这导致 y^p+1 至少有两个素因子,矛盾.

故 $(p,x,y)=(2,1,1),(3,2,2)$.

5. 试求方程 $\prod_{k=1}^{n}\sum_{j=0}^{k}a^j=\sum_{j=0}^{n}a^j$ 的所有正整数解.

提示 注意到,$n=m=1$ 为一组解.

下面设 $m>n$.

则原方程可改写为

$$\prod_{j=2}^{n+1}\frac{a^j-1}{a-1}=\frac{a^{m+1}-1}{a-1}\Rightarrow\prod_{j=2}^{n+1}(a^j-1)=(a^{m+1}-1)(a-1)^{n-1}$$

由西格蒙德定理知

$$a=2,\text{且 } m+1=6$$

即 $m=5$(否则,a^m-1 有一个素因子不整除 $a^2-1,a^3-1,\cdots,a^{n+1}-1$,矛盾).

从而,此时方程无解.

6. 设 a 是一个有理数,n 是一个正整数. 证明:多项式 $X^{2^n}(X+a)^{2^n}+1$ 在有理系数多项式环 $\mathbf{Q}[X]$ 上不可约.

---

① 刘培杰. 数学奥林匹克与数学文化·第五辑[M]. 哈尔滨:哈尔滨工业大学出版社,2015.

（第 19 届国际大学生数学竞赛试题）

证明　首先我们考虑 $a=0$ 的情形，$X^{2^{n+1}}+1$ 的根刚好就是所有的 2^{n+2} 阶单位原根，即

$$\exp\left(2\pi\mathrm{i}\,\frac{k}{2^{n+2}}\right)\quad (k=1,3,5,\cdots,2^{n+2}-1)$$

这是一个分圆多项式，因此在 $\mathbf{Q}[X]$ 中不可约.

现在设 $a\neq 0$，且假定题中的多项式是可约的. 令 $X=Y-\frac{a}{2}$，我们得到多项式

$$\left(Y-\frac{a}{2}\right)^{2^n}\left(Y+\frac{a}{2}\right)^{2^n}+1=\left(Y^2-\frac{a^2}{4}\right)^{2^n}+1$$

这仍然是关于变量 $Z=Y^2-\frac{a^2}{4}$ 的一个分圆多项式，因此它不可能被任何关于 Y^2 的有理系数多项式整除. 将此多项式写成关于 Y 的不可约首一多项式的乘积

$$\left(Y^2-\frac{a}{2}\right)^{2^n}+1=\prod_{i=1}^{r}[f_i(Y)]^{m_i}$$

所有 f_i 都是首一不可约的，且互不相同.

由于左边是关于 Y^2 的多项式，因此必有

$$\prod_i[f_i(Y)]^{m_i}=\prod_i[f_i(-Y)]^{m_i}$$

由上述讨论可知 f_i 不是关于 Y^2 的多项式，即 $f_i(-Y)\neq f_i(Y)$. 因此对每个 i，存在 $i'\neq i$ 使得 $f_i(-Y)=\pm f_{i'}(Y)$. 特别地，r 是偶数且不可约因子 f_i 是成对的，给它们重新编号使得 $f_1,\cdots,f_{\frac{r}{2}}$ 属于不同的对，且有 $f_{i+\frac{r}{2}}=\pm f_i(Y)$. 考虑多项式 $f(Y)=\prod\limits_{i=1}^{\frac{r}{2}}[f_i(Y)]^{m_i}$，这是一个次数为 2^n 的首一多项式，且

$$\left(Y^2-\frac{a^2}{4}\right)^{2^n}+1=f(Y)f(-Y)$$

现在把 $f(Y)$ 写为 $f(Y)=Y^{2^n}+\cdots+b$，其中 $b\in\mathbf{Q}$ 是常数项，即 $b=f(0)$. 比较常数项可得 $\left(\frac{a}{2}\right)^{2^{n+1}}+1=b^2$. 记 $c=\left(\frac{a}{2}\right)^{2^{n-1}}$，这是一个非零有理数且 $c^4+1=b^2$.

现在只需要证明不存在有理数 $c,b\in\mathbf{Q}$，$c\neq 0$ 使得方程 $c^4+1=b^2$ 成立，这就和我们假设的多项式可约是矛盾的. 假定此方程有解，不妨设 $c,b>0$. 设

$c=\dfrac{u}{v}$,u,v 是互素的正整数,则

$$u^4+v^4=(bv^2)^2$$

再记 $w=bv^2$,这是一个正整数. 下面证明集合

$$\mathcal{T}=\{(u,v,w)\in\mathbf{N}^3\mid u^4+v^4=w^2,u,v,w\geqslant 1)$$

是空集. 反证法,考虑某个三元组 $(u,v,w)\in\mathcal{T}$ 使得 w 最小. 不失一般性,我们可以假定 u 是奇数,(u^2,v^2,w) 是本原勾股数组,因此存在互素的整数 $d>e\geqslant 1$ 使得

$$u^2=d^2-e^2,v^2=2de,w=d^2+e^2$$

特别地,在 $\mathbf{Z}/4\mathbf{Z}$ 中考虑方程 $u^2=d^2-e^2$,说明 d 是奇数而 e 是偶数. 因此,我们可以写成 $d=f^2,e=2g^2$. 而且由于 $u^2+e^2=d^2$,(u,e,d) 也是本原勾股数,又存在互素的正整数 $h>i\geqslant 1$ 使得

$$u=h^2-i^2,e=2hi=2g^2,d=h^2+i^2$$

再一次,我们可以写成 $h=k^2,i=l^2$,所以我们得到关系

$$f^2=d=h^2+i^2=k^4+l^4$$

且 $(k,l,f)\in\mathcal{T}$,则不等式 $w>d^2=f^4\geqslant f$ 与 w 的最小性矛盾.

注 (1)还可以用伽罗瓦(Galois)的阶理论解决此问题. 将题中的多项式记为

$$P(X)=X^{2^n}(X+a)^{2^n}+1$$

我们还需要分圆多项式 $T(X)=X^{2^n}+1$. 我们已经讨论过,如果 $a=0$,则 $P(X)$ 本身也是分圆多项式,因而不可约. 现在设 $a\neq 0$,且 x 是 $P(x)=0$ 的任意复根,则 $\zeta=x(x+a)$ 满足 $T(\zeta)=0$,因此,ζ 是一个 2^{n+1} 阶的原根,域 $\mathbf{Q}[x]$ 是 $\mathbf{Q}[\zeta]$ 的扩域,后者是一个分圆域,且它在 $\mathbf{Q}$ 上的维数为 $\dim_{\mathbf{Q}}(\mathbf{Q}[\zeta])=2^n$. 由于题中的多项式的次数为 2^{n+1},那么它是可约的当且仅当上述域的扩充是平凡的,即 $\mathbf{Q}[x]=\mathbf{Q}[\zeta]$. 为了得到矛盾,我们现在假定这种情况成立. 令 $S(X)$ 表示 x 在 $\mathbf{Q}$ 上的极小多项式,则 S 的次数为 2^n,我们可以用集合 $I=\{1,3,\cdots,2^{n+1}-1\}$ 中的奇数来将它的根编号,使得

$$S(x)=\prod_{k\in I}(X-x_k)$$

且 $x_k(x_k+a)=\zeta^k$,这是因为 $\mathbf{Q}[\zeta]$ 的伽罗瓦自同构群将 ζ 映为 $\zeta^k,k\in I$,那么我们有

$$S(X)S(-a-X)=\prod_{k\in I}(X-x_k)(-a-X-x_k)$$

$$= (-1)^{|I|} \prod_{k \in I} (X(X+a) - \zeta^k)$$
$$= T(X(X+a))$$
$$= P(X)$$

特别地，$P\left(-\frac{a}{2}\right) = \left(S\left(-\frac{a}{2}\right)\right)^2$，即

$$\left(\frac{a}{2}\right)^{2^{n+1}} + 1 = \left(\left(\frac{a}{2}\right)^{2^n} + 1\right)^2$$

因此，有理数 $c = \left(\frac{a}{2}\right)^{2^{n-1}} \neq 0$ 和 $b = \left(\frac{a}{2}\right)^{2^n} + 1$ 满足 $c^4 + 1 = b^2$，这和第一种证明中已有的结论矛盾.

(2) 众所周知，丢番图(Diophantus) 方程 $x^4 + y^4 = z^2$ 只有平凡解(即 $x = 0$ 或 $y = 0$). 这直接意味着，对于非零的 c，方程 $c^4 + 1 = b^2$ 是没有有理数解的.

第3章 分圆多项式及其系数

3.1 分圆多项式及其系数的基本性质

对每一个正整数 n,我们定义 n 次分圆多项式

$$\Phi_n(x)=\prod_{\substack{1\leqslant j\leqslant n\\(j,n)=1}}(x-\mathrm{e}^{\frac{2\pi ij}{n}})=\sum_{i=0}^{\varphi(n)}a(n,i)x^i$$

其中 $\mathrm{e}^{\frac{2\pi i}{n}}$ 为 n 次本原单位根,$\varphi(n)$ 为欧拉函数. 显然 $\Phi_n(x)$ 是 $\varphi(n)$ 次的整系数不可约多项式.

$1/\Phi_n(x)$ 在 $x=0$ 的泰勒展开式为 $\sum_{i=0}^{\infty}c(n,k)x^i$. 容易证明 $c(n,k)$ 为整数,P. Moree 已经证明 $c(n,k)$ 模 n 是周期的. 记

$$\Psi_n(x)=1/\Phi_n(x)=\sum_{i=0}^{\infty}c(n,k)x^i$$

我们称 $\Psi_n(x)$ 是逆分圆多项式.

设 m,r 是任意给定的正整数,我们给出了如下定义:

定义 1

$$S(m)=\{a(mn,k)\mid n\geqslant 1,k\geqslant 0\}$$

其中 $a(mn,k)$ 是分圆多项式 $\Phi_{mn}(x)$ 的第 k 次项系数.

定义 2

$$R(m)=\{c(mn,k)\mid n\geqslant 1,k\geqslant 0\}$$

其中 $c(mn,k)$ 是逆分圆多项式 $\Psi_{mn}(x)$ 的第 k 次项系数.

定义 3

$$S(m,r)=\{a(mn+r,k)\mid n\geqslant 1,k\geqslant 0\}$$

其中 $a(mn+r,k)$ 是分圆多项式 $\Phi_{mn+r}(x)$ 的第 k 次项系数.

定义4

$$R(m,r)=\{c(mn+r,k)\mid n\geqslant 1,k\geqslant 0\}$$

其中 $c(mn+r,k)$ 是逆分圆多项式 $\Psi_{mn+r}(x)$ 的第 k 次项系数.

为了证明本节中的定理,我们接下来介绍分圆多项式及其系数的基本性质.

定理1　设 n 是正整数,$\Phi_n(x)$ 是 n 次分圆多项式,则:

①$x^n-1=\prod_{d\mid n}\Phi_d(x)$.

②$\Phi_n(x)$ 是整系数多项式.

③$\Phi_n(x)$ 的次数是 $\varphi(n)$.

④$\Phi_n(x)$ 是 $\mathbf{Z}[x]$ 上不可约多项式.

证明　① 我们有

$$\begin{aligned}x^n-1&=\prod_{k=1}^{n}(x-\zeta_n^k)=\prod_{d\mid n}\prod_{\substack{k=1\\(k,n)=d}}^{n}(x-\zeta_n^k)\\&=\prod_{d\mid n}\prod_{\substack{k=1\\(k,n)=d}}^{n}\left(x-\zeta_{\frac{n}{d}}^{\frac{k}{d}}\right)=\prod_{d\mid n}\prod_{\substack{k=1\\\left(k,\frac{n}{d}\right)=1}}^{\frac{n}{d}}\left(x-\zeta_{\frac{n}{d}}^{k}\right)\\&=\prod_{d\mid n}\prod_{\substack{k=1\\(k,d)=1}}^{n}(x-\zeta_d^k)=\prod_{d\mid n}\Phi_d(x)\end{aligned}$$

② 我们对 n 进行归纳.

易知 $\Phi_1(x)=x-1\in\mathbf{Z}[x]$.

假设结论②对所有 $k<n$ 都成立,令 $f(x)=\prod_{\substack{d\mid n\\d<n}}\Phi_d(x)$,则由归纳假设可知 $f(x)\in\mathbf{Z}[x]$,由结论①知 $x^n-1=f(x)\Phi_n(x)$. 另一方面,$x^n-1\in\mathbf{Z}[x]$ 且 $f(x)$ 是 $\mathbf{Z}[x]$ 中首一多项式. 由 $\mathbf{Z}[x]$ 上多项式的可除性知:存在 $h(x),r(x)\in\mathbf{Z}[x]$,$\deg r(x)<\deg f(x)$ 或 $r(x)=0$ 使得

$$x^n-1=f(x)h(x)+r(x)$$

注意到 $f(x)(\Phi_n(x)-h(x))=r(x)$,所以

$$r(x)=0\text{ 且 }\Phi_n(x)=h(x)\in\mathbf{Z}[x]$$

③ 由 $\Phi_n(x)$ 的定义易知结论成立.

④ 假设 $h(x)$ 是分圆多项式 $\Phi_n(x)$ 在 $\mathbf{Z}[x]$ 上一个次数大于0的不可约因子,则存在首一多项式 $f(x)\in\mathbf{Z}[x]$,使得 $\Phi_n(x)=f(x)h(x)$. 令 ζ 表示 $h(x)$ 的

任意一个根,p是与n互素的任意一个素数. 我们先说明ζ^p也是$h(x)$的一个根.

我们知道若$\zeta^i(1\leqslant i\leqslant n)$是本原根当且仅当$(i,n)=1$. 因为$\zeta$是$\Phi_n(x)$的根,$\zeta$是本原$n$次单位根,$(p,n)=1$,所以$\zeta^p$也是$n$次本原单位根,$\zeta^p$是$f(x)$或$h(x)$的根. 假设$\zeta^p$不是$h(x)$的根,则$\zeta^p$是$f(x)=\sum\limits_{i=0}^{r}b_ix^i$的根,$\zeta$是$f(x^p)=\sum\limits_{i=0}^{r}b_ix^{ip}$的根. 因为$h(x)$是$\mathbf{Z}[x]$上不可约多项式且$\zeta$是其根,所以$h(x)\mid f(x^p)$.

设$f(x^p)=h(x)k(x)$,其中$k(x)\in\mathbf{Z}[x]$,考虑映射$\mathbf{Z}\to\mathbf{Z}_p(b\to\bar{b})$. 我们定义相应的环同态$\mathbf{Z}[x]\to\mathbf{Z}_p[x]$,其元素的映射关系为

$$g(x)=\sum_{i=0}^{t}c_ix^i\to\bar{g}(x)=\sum_{i=0}^{t}\bar{c}_ix^i$$

则$\bar{f}(x^p)=\bar{h}(x)\bar{k}(x)$. 但是在$\mathbf{Z}_p[x]$中

$$\bar{f}(x)^p=(\sum_{i=0}\bar{b}_ix^i)^p=\sum_{i=0}^{r}\bar{b}_i^px^{ip}=\sum_{i=0}^{r}\bar{b}_ix^{ip}=\bar{f}(x^p)$$

因此

$$\bar{f}(x)^p=\bar{h}(x)\bar{k}(x)\in\mathbf{Z}_p[x]$$

从而$\bar{h}(x)$的一些次数大于0的不可约因式一定整除$\bar{f}(x)^p$,因此$\bar{f}(x)\in\mathbf{Z}_p[x]$.

另外,$\Phi_n(x)$是x^n-1的一个因式,因此存在$r(x)\in\mathbf{Z}[x]$,使得$x^n-1=\Phi_n(x)r(x)=f(x)h(x)r(x)$. 那么在$\mathbf{Z}_p[x]$中,$x^n-\bar{1}=\bar{f}(x)\bar{h}(x)\bar{r}(x)$. 因为,$\bar{f}(x)$和$\bar{h}(x)$有共同的因式,$x^n-\bar{1}$必有重根,这与$x^n-\bar{1}$无重根相矛盾. 因此$\zeta^p$是$h(x)$的一个根.

如果$r\in\mathbf{Z}$且满足$1<r\leqslant n$和$(r,n)=1$,那么可设$r=p_1^{k_1}p_2^{k_2}\cdots p_s^{k_s}$,其中$k_i>0$且$(p_i,n)=1$. 因为$\zeta$是$h(x)$的一个根,所以$\zeta^r$也是$h(x)$的一个根,然而$\zeta^r(1\leqslant r\leqslant n,(r,n)=1)$恰好是$h(x)$的全部本原单位根,因此$\prod\limits_{\substack{1\leqslant r\leqslant n\\(r,n)=1}}(x-\zeta^r)=\Phi_n(x)$整除$h(x)$. 因此$\Phi_n(x)=h(x)$. 所以$\Phi_n(x)$是不可约多项式.

推论1 令n是正整数,$\Phi_n(x)$是n次分圆多项式,则

$$\Phi_n(x)=\prod_{d\mid n}(x^d-1)^{\mu\left(\frac{n}{d}\right)}=\prod_{d\mid n}(1-x^d)^{\mu\left(\frac{n}{d}\right)}$$

证明　注意到 $x^n-1=\prod_{d\mid n}\Phi_d(x)$，由麦比乌斯逆变换公式，我们可以得到

$$\Phi_n(x)=\prod_{d\mid n}(x^d-1)^{\mu\left(\frac{n}{d}\right)}$$

利用

$$\sum_{d\mid n}\mu(n/d)=0$$

可知第二个等式也成立.

推论 2　令 n 是大于 1 的正整数，$\Phi_n(x)$ 是 n 次分圆多项式，则

$$x^{\varphi(n)}\Phi_n(1/x)=\Phi_n(x)$$

定理 2　分圆多项式 $\Phi_n(x)$ 有以下性质：

① 如果 $n>1$ 是奇数，那么 $\Phi_{2n}(x)=\Phi_n(-x)$.

② 如果 p 是素数，那么

$$\Phi_{pn}(x)=\begin{cases}\Phi_n(x^p) & \text{，如果 } p\mid n\\ \Phi_n(x^p)/\Phi_n(x) & \text{，否则}\end{cases}$$

③ 设 p 为素数且 $k\geqslant 1$，则 $\Phi_{p^k}(x)=\Phi_p(x^{p^{k-1}})$.

④ 设 $n=p_1^{r_1}p_2^{r_2}\cdots p_k^{r_k}$，$p_i$ 是不同的素数且 $r_i>0$，则

$$\Phi_n(x)=\Phi_{p_1p_2\cdots p_k}\left(x^{p_1^{r_1-1}\cdots p_k^{r_k-1}}\right)$$

证明　① 若 $n>1$ 是奇数，则我们有

$$\Phi_{2n}(x)=\prod_{d\mid n}(x^d-1)^{\mu\left(\frac{2n}{d}\right)}\prod_{d\mid n}(x^{2d}-1)^{\mu\left(\frac{2n}{2d}\right)}$$

因为 n 是奇数且 $d\mid n$，$\mu\left(\dfrac{2n}{2d}\right)=-\mu\left(\dfrac{2n}{d}\right)$，所以

$$\Phi_{2n}(x)=\prod_{d\mid n}\left(\frac{x^{2d}-1}{x^d-1}\right)^{\mu\left(\frac{2n}{2d}\right)}=\prod_{d\mid n}(x^d+1)^{\mu\left(\frac{n}{d}\right)}$$

我们假设 n 有 $k(\neq 0)$ 个不同的素因子，则存在 2^k 个正整数 d 使得 $\mu\left(\dfrac{n}{d}\right)\neq 0$，所以

$$\begin{aligned}\Phi_{2n}(x)&=\prod_{d\mid n}(x^d+1)^{\mu\left(\frac{n}{d}\right)}\\&=(-1)^{2^k}\prod_{d\mid n}(x^d+1)^{\mu\left(\frac{n}{d}\right)}\\&=\prod_{d\mid n}(-x^d-1)^{\mu\left(\frac{n}{d}\right)}\end{aligned}$$

$$= \prod_{d \mid n} ((-x)^d - 1)^{\mu\left(\frac{n}{d}\right)}$$
$$= \Phi_n(-x)$$

② 注意到

$$\begin{aligned}\Phi_{pn}(x) &= \prod_{d \mid pn} (x^d - 1)^{\mu\left(\frac{pn}{d}\right)} \\ &= \prod_{\substack{d \mid pn \\ p \mid d}} (x^d - 1)^{\mu\left(\frac{pn}{d}\right)} \prod_{\substack{d \mid pn \\ (p,d)=1}} (x^d - 1)^{\mu\left(\frac{pn}{d}\right)} \\ &= \Phi_n(x^p) \prod_{\substack{d \mid pn \\ (p,d)=1}} (x^d - 1)^{\mu\left(\frac{pn}{d}\right)}\end{aligned}$$

如果 $d \mid pn,(p,d)=1,(p,n)=1$,则$\mu\left(\frac{pn}{d}\right)=0$.

如果 $d \mid pn,(p,d)=1,p \mid n$,则$\mu\left(\frac{pn}{d}\right)=\mu(p)\mu\left(\frac{n}{d}\right)=-\mu\left(\frac{n}{d}\right)$.

所以

$$\prod_{\substack{d \mid pn \\ (p,d)=1}} (x^d - 1)^{\mu\left(\frac{pn}{d}\right)} = \prod_{d \mid n} (x^d - 1)^{-\mu\left(\frac{n}{d}\right)} = \frac{1}{\Phi_n(x)}$$

③ 由 ② 即得.

④ 因为 $\Phi_n(x) = \prod_{d \mid n} (x^d - 1)^{\mu\left(\frac{n}{d}\right)}$ 且当$\frac{n}{d}$无平方因子时,$\mu\left(\frac{n}{d}\right) \neq 0$. 所以 $p_1^{r_1-1}\cdots p_k^{r_k-1} \mid d$,令 $d = d' p_1^{r_1-1}\cdots p_k^{r_k-1}$,我们有

$$\begin{aligned}\Phi_n(x) &= \prod_{d' \mid p_1\cdots p_k} (x^{p_1^{r_1-1}\cdots p_k^{r_k-1} d'} - 1)^{\mu\left(\frac{n}{d}\right)} \\ &= \prod_{d' \mid p_1\cdots p_k} (x^{p_1^{r_1-1}\cdots p_k^{r_k-1} d'} - 1)^{\mu\left(\frac{p_1\cdots p_k}{d'}\right)} \\ &= \Phi_{p_1p_2\cdots p_k}(x^{p_1^{r_1-1}\cdots p_k^{r_k-1}})\end{aligned}$$

引理 1 $c(n,k)$ 是一个整数,如果 $j \equiv k \pmod n$,那么 $c(n,j)=c(n,k)$,其中 $c(n,k)$ 是逆分圆多项式 $\Psi_n(x)$ 的 k 次项系数.

证明 我们首先考虑函数

$$Y(x) = \frac{x^n - 1}{\Phi_n(x)}$$

由定理 1 可知

$$Y(x)=\prod_{d<n,d|n}\Phi_d(x)$$

因此 $Y(x)$ 的系数是整数,且 $Y(x)$ 的次数是 $n-\varphi(n)$,其中 φ 是欧拉函数. 在 $x=0$ 邻域有

$$\frac{1}{\Psi_n(x)}=-Y(x)(1+x^n+x^{2n}+\cdots)$$

因为 $n>n-\varphi(n)$. 所以如果 $j\equiv k(\bmod n)$,那么 $c(n,j)=c(n,k)$.

引理 2　设 p 是一个素数,则对任意的正整数 l,m,我们有

$$S(p^l m)=S(pm);R(p^l m)=R(pm)$$

证明　略.

推论 3　设 p 是素数,我们有

$$S(m)=S(\kappa(m)),R(m)=R(\kappa(m))$$

其中 $\kappa(m)=\prod_{p|m}p$.

定理 3(狄利克雷定理的定量形式)　设 a,m 是互素的正整数,$\pi(x;m,a)$ 表示素数 $p\leqslant x$ 的个数且 $p\equiv a(\bmod m)$,那么当 x 趋于无穷时有

$$\pi(x;m,a)\sim\frac{x}{\varphi(m)\log(x)}$$

证明　略.

推论 4　设 m,t 是给定的正整数,则存在正整数 $N_0(t,m)$ 满足对每一个 $n>N_0(t,m)$ 在区间$(n,2n)$内至少包含 t 个素数,且 $p\equiv1(\bmod m)$.

证明　略.

3.2　分圆多项式 $\Phi_n(x)$ 的系数

设 n 为正整数,ζ_n 为 n 次本原单位根,令

$$\Phi_n(x)=\prod_{\substack{1\leqslant j\leqslant n\\(j,n)=1}}(x-\zeta_n^j)=\sum_{i=0}^{\varphi(n)}a(n,k)x^i$$

表示 n 次分圆多项式,φ 是欧拉函数. 不难确定 $a(n,k)$ 为整数.

1987 年,Suzuki 证明了

$$\{a(n,k)\mid n\geqslant1,k\geqslant0\}=\mathbf{Z}$$

2008 年,纪春岗、李卫平证明了

$$\{a(p^l n,k)\mid n\geqslant1,k\geqslant0\}=\mathbf{Z}$$

其中 p,l 分别是任意给定的素数和正整数.

2009 年,纪春岗、李卫平和 Moree 证明了

$$\{a(mn,k)\mid n\geqslant 1,k\geqslant 0\}=\mathbf{Z}$$

其中 m 是任意给定的正整数.

2010 年南京师范大学的周天云硕士在其指导教师纪春岗教授的指导下完成了题为《分圆多项式的系数》的硕士学位论文. 在论文中他在前人的基础上采用了新的方法对上述结果进行了改进,得到了如下定理:

定理 4 设 m,r 是任意给定的正整数,则

$$S(m,r)=\{a(mn+r,k)\mid n\geqslant 1,k\geqslant 0\}=\mathbf{Z}$$

其中 $a(mn+r,k)$ 是分圆多项式 $\Phi_{mn+r}(x)$ 的第 k 次项系数.

证明 下面分 $(m,r)=1$ 及 $(m,r)=l>1$ 两种情况对定理 4 给予证明.

1. $(m,r)=1$ 时的情况

由狄利克雷定理可知存在奇素数 p,使得 $p\equiv r(\bmod m)$. 再由推论 4 可知对每一个正整数 $t\geqslant 1$,存在 $N_0>p$,当 $N>N_0$ 时,存在 t 个素数 $p_1,p_2,\cdots,p_t$,同时满足如下条件:

① $N<p_1<p_2<\cdots<p_t<2N$.

② $p_i\equiv 1(\bmod mp),i=1,2,\cdots,t$.

从而有 $p_t<2p_1$. 在这种情况下我们分两种情形给予证明:

(i) 若 t 是奇数,由

$$\begin{cases}p\equiv r(\bmod m)\\ p_i\equiv 1(\bmod m)\end{cases},i=1,2,\cdots,t$$

则存在正整数 n 使得

$$mn+r=pp_1p_2\cdots p_t$$

所以由定理 1 及推论 1 可知

$$\begin{aligned}\Phi_{mn+r}(x)&\equiv\Phi_{pp_1p_2\cdots p_t}(x)\equiv\frac{1-x}{(1-x^p)(1-x^{p_1})(1-x^{p_2})\cdots(1-x^{p_t})}(\bmod x^{2p_1+1})\\&\equiv(1-x)(1+x^p+x^{2p}+\cdots)(1+x^{p_1}+\cdots+x^{p_t}+x^{2p_1})(\bmod x^{2p_1+1})\\&\equiv(1-x+x^p-x^{p+1}+\cdots)(1+x^{p_1}+\cdots+x^{p_t}+x^{2p_1})(\bmod x^{2p_1+1})\\&\equiv\sum_{i=0}^{2p_1-2}a(mn+r,i)x^i+(t-1)x^{2p_1-1}+(1-t)x^{2p_1}(\bmod x^{2p_1+1})\end{aligned}$$

所以我们得到

$$a(mn+r,2p_1-1)=t-1,a(mn+r,2p_1)=1-t$$

（ⅱ）若 t 是偶数，再利用狄利克雷定理可知存在一个充分大的素数 $q(\gg 2p_1)$ 且 $q\equiv 1(\bmod m)$ 使得以下式子同时成立

$$\begin{cases} p\equiv r(\bmod m) \\ q\equiv 1(\bmod m) \quad ,i=1,2,\cdots,t \\ p_i\equiv 1(\bmod m) \end{cases}$$

所以存在正整数 n 使得

$$mn+r=pp_1p_2\cdots p_tq$$

所以由定理 1 及推论 1 可知

$$\begin{aligned} \Phi_{mn+r}(x) &\equiv \Phi_{pp_1p_2\cdots p_tq}(x)\equiv \frac{1-x}{(1-x^p)(1-x^{p_1})(1-x^{p_2})\cdots(1-x^{p_t})}(\bmod x^{2p_1+1}) \\ &\equiv (1-x)(1+x^p+x^{2p}+\cdots)(1+x^{p_1}+\cdots+x^{p_t}+x^{2p_1})(\bmod x^{2p_1+1}) \\ &\equiv (1-x+x^p-x^{p+1}+\cdots)(1+x^{p_1}+\cdots+x^{p_t}+x^{2p_1})(\bmod x^{2p_1+1}) \\ &\equiv \sum_{i=0}^{2p_1-2}a(mn+r,i)x^i+(t-1)x^{2p_1-1}+(1-t)x^{2p_1}(\bmod x^{2p_1+1}) \end{aligned}$$

所以我们得到

$$a(mn+r,2p_1-1)=t-1,a(mn+r,2p_1)=1-t$$

因为

$$\{t-1,1-t;t\geqslant 1\}=\mathbf{Z}$$

综上（ⅰ）（ⅱ），可知当 t 取遍所有正整数时

$$S(m,r)=\{a(mn+r,k)\mid n\geqslant 1,k\geqslant 0\}=\mathbf{Z}$$

即定理 4 当 $(m,r)=1$ 时成立.

2. $(m,r)=l>1$ 的情况

设 $m=lm_0,r=lr_0$，且 $(m_0,r_0)=1$. 下面分 l 是否有平方因子两种情形考虑：

① 当 l 无平方因子时.

证明　由推论 4 可知对每个正整数 $t\geqslant 1$，存在 N_0，当 $N>N_0$ 时，存在 t 个素数 $p_1,p_2,\cdots,p_t$，同时满足如下条件：

（ⅰ）$N<p_1<p_2\cdots<p_t<2N$.

（ⅱ）$p_i\equiv 1(\bmod m),i=1,2,\cdots,t$.

因此 $p_t<2p_1$. 再由狄利克雷定理可知存在一个充分大的素数 $q(\gg 2p_1)$ 使得

$$\begin{cases} q \equiv r_0 \pmod{m_0} \\ (q,l) = 1 \end{cases}$$

从而存在正整数 n 满足

$$m_0 n + r_0 = p_1 p_2 \cdots p_t q$$

显然有

$$(m_0 n + r_0, l) = 1$$

(a) 若 t 是偶数时,由定理 1 及推论 1 可知

$$\begin{aligned}
\Phi_{(mn+r)}(x) &\equiv \prod_{\substack{d \mid (m_0 n+r_0)l \\ d<2p_1}} (1-x^d)^{\mu\left(\frac{(m_0 n+r_0)l}{d}\right)} \pmod{x^{2p_1}} \\
&\equiv \prod_{\substack{d \mid l \\ d<2p_1}} (1-x^d)^{\mu\left(\frac{(m_0 n+r_0)l}{d}\right)} \prod_{\substack{d \mid (m_0 n+r_0) \\ d<2p_1}} (1-x^d)^{\mu\left(\frac{(m_0 n+r_0)l}{d}\right)} \pmod{x^{2p_1}} \\
&\equiv \prod_{d \mid l} (1-x^d)^{\mu\left(\frac{l}{d}\right)\mu(m_0 n+r_0)} \prod_{j=1}^{t} (1-x^{p_j})^{\mu\left(\frac{(m_0 n+r_0)l}{p_j}\right)} \pmod{x^{2p_1}} \\
&\equiv \Phi_l^{\mu(m_0 n+r_0)}(x) \prod_{j=1}^{t} (1-x^{p_j})^{-\mu((m_0 n+r_0)l)} \pmod{x^{2p_1}} \\
&\equiv \frac{1}{\Phi_l(x)} \prod_{j=1}^{t} (1-x^{p_j})^{\mu(l)} \pmod{x^{2p_1}} \\
&\equiv \frac{1}{\Phi_l(x)} (1-\mu(l)(x^{p_1}+x^{p_2}+\cdots+x^{p_t})) \pmod{x^{2p_1}}
\end{aligned}$$

如果 $p_i \leqslant k < 2p_1$,则

$$a(mn+r,k) = c(l,k) - \mu(l) \sum_{j=1}^{t} c(l,k-p_j)$$

因为 $p_j \equiv 1 \pmod{m}$,所以 $p_j \equiv 1 \pmod{l}$,由引理 1 可知

$$c(l,k-p_j) = c(l,k-1)$$

所以我们得到

$$a(mn+r,k) = c(l,k) - \mu(l) t c(l,k-1), p_t \leqslant k < 2p_1$$

下面对 $\mu(l) = 1, -1$ 两种情况进行讨论.

当 $\mu(l) = 1$ 时,因为 $l > 1$,所以 l 至少有两个素因子,设 $q_1 < q_2$ 是两个最小素因子,所以

$$\frac{1}{\Phi_l(x)} \equiv \frac{(1-x^{q_1})(1-x^{q_2})}{1-x}$$

$$\equiv 1+x+x^2+\cdots+x^{q_1-1}-x^{q_2}-x^{q_2+1} \pmod{x^{q_2+2}}$$

因此,当 $k\equiv\beta \pmod{l}$,$\beta\in\{1,2\}$ 时,有

$$c(l,k)=1$$

当 $k\equiv\beta \pmod{l}$,$\beta\in\{q_2,q_2+1\}$ 时,有

$$c(l,k)=-1$$

所以我们得到

$$a(mn+r,p_t+1)=1-t,a(mn+r,q_2+1)=-1+t$$

当 $\mu(l)=-1$ 时

$$\frac{1}{\Phi_l(x)}\equiv\begin{cases}1-x \pmod{x^3}, & 2\nmid l\\ 1-x+x^2 \pmod{x^3}, & 2\mid l\end{cases}$$

所以我们得到

$$a(mn+r,p_t)=-1+t,a(mn+r,p_t+1)\in\{-t,1-t\}$$

(b) 若 t 是奇数时,在此情形可以找到素数 q',满足 $q<q'$ 且 $q'\equiv 1 \pmod{m_0}$,$(q',l)=1$. 因此,我们有

$$\begin{cases}q\equiv r_0 \pmod{m_0}\\ p_i\equiv 1 \pmod{m_0},i=1,2,\cdots,t\\ q'\equiv 1 \pmod{m_0}\end{cases}$$

所以存在正整数 n,使得

$$m_0n+r_0=p_1p_2\cdots p_tqq'$$

显然有 $(m_0n+r_0,l)=1$. 所以由定理 1 及推论 1 可知

$$\begin{aligned}\Phi_{(mn+r)}(x)&\equiv\prod_{\substack{d\mid(m_0n+r_0)l\\ d<2p_1}}(1-x^d)^{\mu\left(\frac{(m_0n+r_0)l}{d}\right)} \pmod{x^{2p_1}}\\&\equiv\prod_{\substack{d\mid l\\ d<2p_1}}(1-x^d)^{\mu\left(\frac{(m_0n+r_0)l}{d}\right)}\prod_{\substack{d\mid(m_0n+r_0)\\ d<2p_1}}(1-x^d)^{\mu\left(\frac{(m_0n+r_0)l}{d}\right)} \pmod{x^{2p_1}}\\&\equiv\prod_{d\mid l}(1-x^d)^{\mu\left(\frac{l}{d}\right)\mu(m_0n+r_0)}\prod_{j=1}^{t}(1-x^{p_j})^{\mu\left(\frac{(m_0n+r_0)l}{p_j}\right)} \pmod{x^{2p_1}}\\&\equiv\Phi_l^{\mu(m_0n+r_0)}(x)\prod_{j=1}^{t}(1-x^{p_j})^{-\mu((m_0n+r_0)l)} \pmod{x^{2p_1}}\\&\equiv\frac{1}{\Phi_l(x)}\prod_{j=1}^{t}(1-x^{p_j})^{\mu(l)} \pmod{x^{2p_1}}\end{aligned}$$

$$\equiv \frac{1}{\Phi_l(x)}(1-\mu(l)(x^{p_1}+x^{p_2}+\cdots+x^{p_t}))(\bmod x^{2p_1})$$

如果 $p_t \leqslant k < 2p_1$

$$a(mn+r,k)=c(l,k)-\mu(l)\sum_{j=1}^{t}c(l,k-p_j)$$

因为 $p_j \equiv 1(\bmod m)$，所以 $p_j \equiv 1(\bmod l)$，由引理 1 可知

$$c(l,k-p_j)=c(l,k-1)$$

下面对 $\mu(l)=1,-1$ 两种情况进行讨论：

当 $\mu(l)=1$ 时，l 至少有两个素因子，设 q_1,q_2 是两个最小素因子，则

$$\frac{1}{\Phi_l(x)} \equiv \frac{(1-x^{q_1})(1-x^{q_2})}{1-x}(\bmod x^{q_2+2})$$

$$\equiv 1+x+x^2+x^3+\cdots+x^{q_1-1}-x^{q_2}-x^{q_2+1}(\bmod x^{q_2+2})$$

因此，当 $k \equiv \beta(\bmod l)$，$\beta \in \{1,2\}$ 时，有

$$c(l,k)=1$$

当 $k \equiv \beta(\bmod l)$，$\beta \in \{q_2,q_2+1\}$ 时，有

$$c(l,k)=-1$$

所以我们得到

$$a(mn+r,p_t+1)=1-t,a(mn+r,q_2+1)=-1+t$$

当 $\mu(l)=-1$ 时

$$\frac{1}{\Phi_l(x)} \equiv \begin{cases}(1-x)(\bmod x^3) & ,2 \nmid l \\ 1-x+x^2(\bmod x^3) & ,2 \mid l\end{cases}$$

因此，$k \equiv 1(\bmod l)$ 时，有 $c(l,k)=-1$，$k \equiv 2(\bmod l)$ 时，有 $c(l,k)=0$ 或 $c(l,k)=1$.

所以我们得到

$$a(mn+r,p_t)=-1+t,a(mn+r,p_t+1) \in \{-t,1-t\}$$

综上(a)(b)，以及 t 取遍一切正整数时

$$S(m,r)=\{a(mn+r,k) \mid n \geqslant 1,k \geqslant 0\}=\mathbf{Z}$$

即定理 1 在当 $(m,r)=1$ 且 l 无平方因子时结论成立.

② 当 l 有平方因子时，设 $l=l_1^{\alpha_1}l_2^{\alpha_2}\cdots l_s^{\alpha_s}$，其中 $l_1,l_2,\cdots,l_s$ 是互不相同的素因子，$\alpha_1,\alpha_2,\cdots,\alpha_s$ 是不同的自然数. 令 $l'=l_1l_2\cdots l_s$. 由定理 2、引理 2 可知

$$\Phi_{l(m_0n+r_0)}(x)=\Phi_{l_1l_2\cdots l_s(m_0n+r_0)}(x^{l_1^{\sigma_1-1}l_2^{\sigma_2-1}\cdots l_s^{\sigma_s-1}})=\Phi_{l'(m_0n+r_0)}(x^{l_1^{\sigma_1-1}l_2^{\sigma_2-1}\cdots l_s^{\sigma_s-1}})$$

所以

$$S(m,r)=\{a(mn+r,k)\mid n\geqslant 1,k\geqslant 0\}$$
$$=\{a(l(m_0n+r_0),k)\mid n\geqslant 1,k\geqslant 0\}$$
$$=\{a(l'(m_0n+r_0),k)\mid n\geqslant 1,k\geqslant 0\}$$

而由前面 2. $(m,r)=l>1$ 的情况中 ① 的证明可知

$$\{a(l'(m_0n+r_0),k)\mid n\geqslant 1,k\geqslant 0\}=\mathbf{Z}$$

从而当 $(m,r)=1$ 且 l 有平方因子时 t 取遍一切正整数时

$$S(m,r)=\{a(l(m_0n+r_0),k)\mid n\geqslant 1,k\geqslant 0\}=\mathbf{Z}$$

综上我们可知定理 4 成立.

关于分圆多项式的 Schinzel 等式[1]

第 4 章

4.1 引　　言

对整数 $n>0$,令 $\Phi_n(x)$ 表 n 次分圆多项式

$$\Phi_n(x)=\prod_{\substack{0<j<n\\(j,n)=1}}(x-\zeta_n^j)$$

这里 ζ_n 是 n 次本原单位根,(j,n) 表 j,n 的最大公因子.

虽然 $\Phi_n(x)$ 在整数环上不可约,但是 $\Phi_n(x)$ 可能在某些二次数域上可约. 令 $n>1$ 为无平方因子的奇数. Aurifeuille 和 Le Lasseur[2] 证明了

$$\Phi_n(x)=A_n^2(x)-(-1)^{\frac{n-1}{2}}nxB_n^2(x) \qquad (1)$$

后来 Schinzel[3] 证明了式(1)可改进为

$$\Phi_n(x)=P_{n,m}^2(x)-\left(\frac{-1}{m}\right)mxQ_{n,m}^2(x) \qquad (2)$$

这里 $m\mid n$,$\left(\frac{-1}{m}\right)$ 表雅可比(Jacobi)符号,且

$$L_{n,m}(x)=P_{n,m}(x^2)-\sqrt{\left(\frac{-1}{m}\right)m}\,xQ_{n,m}(x^2)$$
$$=\prod_s(x-\zeta_n^s)\prod_t(x+\zeta_n^t) \qquad (3)$$

① 摘自《数学学报》第 45 卷第 1 期,2002 年 1 月.

② LUCAS E. Theoremes d'arthmetique[J]. Atti. Roy. Acad. Sci. Torino, 1877/1878, 13:276-277.

③ SCHINZEL A. On primitive prime faxtors of a^n-b^n[J]. Proc. of the Camb. Philos. Soc, 1962,58(4):555-562.

这里 $P_{n,m}(x)$ 和 $Q_{n,m}(x)$ 均为整系数多项式,且 s,t 满足

$$0 < s,t < n,(st,n) = 1,\frac{s}{m} = 1,\frac{t}{m} = -1 \tag{4}$$

分圆多项式的应用之一是对形如 $a^n \pm b^n$ 的整数的分解. 如 $\left(\frac{-1}{m}\right) mx$ 是一平方数,则式(2) 给出 $x^n \pm 1$ 的一个因子,这就是 Aurifeuille 分解. 故我们需要计算 $P_{n,m}(x)$ 和 $Q_{n,m}(x)$ 的公式,但 Schinzel 在相关文献①中仅证明了它们的存在性. BRENT② 给出公式来计算 $A_n(x)$ 和 $B_n(x)$,但这对分解 $\Phi_n(x)$ 来说是不够的. 四川大学数学学院的任德斌、孙琦两位教授 2002 年改进了 Brent② 的结果,给出了 $P_{n,m}(x)$ 和 $Q_{n,m}(x)$ 的计算公式.

4.2 预备知识

我们的想法是计算(3) 中的多项式 $L_{n,m}(x)$ 的所有根的方幂的和,再用牛顿(Newton) 等式来计算 $P_{n,m}(x)$ 和 $Q_{n,m}(x)$ 的系数. 故我们首先需要给出一些引理.

引理 1(牛顿等式)　令 $f(x) = \prod_{j=1}^{n}(x - x_j) = \sum_{j=0}^{n} a_j x^{n-j}$ 为次数是 n,系数是 $a_0 = 1, a_1, \cdots, a_n$ 的任意多项式. 对 $k > 0$,定义 $p_k = \sum_{j=1}^{n} x_j^k$,则 $ka_k = -\sum_{j=0}^{k-1} p_{k-j}a_j$,其中 $k = 1,\cdots,n$.

对任意多项式 $f(x)$,令 $p_k(f(x))$ 表示 $f(x)$ 所有根的 k 次方幂的和.

引理 2②　对 n 次分圆多项式 $\Phi_n(x)$,有

$$p_k(\Phi_n(x)) = \frac{\mu(n/(k,n))\phi(n)}{\phi(n/(k,n))}, 1 \leqslant k \leqslant \phi(n) \tag{5}$$

这里 $\phi(n)$ 表欧拉函数.

① SCHINZEL A. On primitive prime faxtors of $a^n - b^n$[J]. Proc. of the Camb. Philos. Soc, 1962,58(4):555-562.

② BRENT R P. On computing factors of cyclotomic polynomial[J]. Math. Comp., 1993,61(203):131-149.

引理3① 令 $G_n(x)=\prod\limits_{0<j<n,\left(\frac{j}{n}\right)=\varepsilon}(x-\zeta_n^j)$，这里 $\zeta_n=\mathrm{e}^{2\pi i/n}$，$\varepsilon=\pm 1$ 且 n 无平方因子，则

$$2p_k(G_n(x))=\mu(n/(k,n))\phi((k,n)+\varepsilon\frac{k}{n}\sqrt{\left(\frac{-1}{n}\right)n},1\leqslant k\leqslant\phi(n)\quad(6)$$

现在考虑 Schinzle 的等式(2). 首先回顾一些定义，令

$$f(x)=a_0x^n+a_1x^{n-1}+\cdots+a_n$$

为任意一多项式. $f(x)$ 的反多项式是指 $x^nf\left(\frac{1}{x}\right)$，记为 $f^*(x)$. $f(x)$ 称为对称多项式如果 $a_i=a_{n-i}$ 对 $0\leqslant k\leqslant n$，称为反对称多项式如果 $a_i=-a_{n-i}$ 对 $0\leqslant k\leqslant n$. 显然，$f(x)$ 是对称的等价于 $f(x)=f^*(x)$，是反对称的等价于 $f(x)=-f^*(x)$.

引理4 设 n 是无平方因子的奇数，把 $\Phi_n(x)$ 写成(2)的形式. 当 n 为素数且 $m\equiv-1(\bmod 4)$ 时 $P_{n,m}(x)$ 是反对称的，否则 $P_{n,m}(x)$ 是对称的；当 n 为合数且 $m\equiv-1(\bmod 4)$ 时，$Q_{n,m}(x)$ 是反对称的，否则 $Q_{n,m}(x)$ 是对称的.

证明 由相关文献②知 $\deg(L_{n,m}(x))=\phi(n)$，$\deg(P_{n,m}(x))=\phi(n)/2$，且 $\deg(Q_{n,m}(x))=\phi(n)/2-1$，故由定义得

$$L_{n,m}^*(x)=P_{n,m}^*(x^2)-\sqrt{\left(\frac{-1}{m}\right)m}\,xQ_{n,m}^*(x^2)\quad(7)$$

显然，$L_{n,m}(x)$ 的首项系数为 1，$L_{n,m}^*(x)$ 的首项系数为

$$\begin{aligned}\prod_s\zeta_n^s\prod_t(-\zeta_n^t)&=\prod_{\substack{0<u<n\\(u,n)=1}}\zeta_n^u\prod_t(-1)\\&=\prod_{\substack{0<u<n/2\\(u,n)=1}}\zeta_n^u\zeta_n^{n-u}\Bigg(\prod_{\substack{0<v<m\\\left(\frac{v}{m}\right)=-1}}(-1)\Bigg)^{\phi(n)/\phi(m)}\\&=\begin{cases}(-1)^{\phi(n)/2}, & m>1\\1, & m=1\end{cases}\end{aligned}$$

这里 s,t 满足式(4). 令 $Z(L)$ 表示式(3)中的 $L_{n,m}(x)$ 的所有根的集合. 显然，$Z(L)=\{\zeta_n^s,-\zeta_n^t\mid 0<s,t<n,(st,n)=1,\left(\frac{s}{m}\right)=1,\left(\frac{s}{m}\right)=-1\}$ 且 $Z(L^*)=$

---

① LEJEUNE DIRICHLET PG. Vorlesungen uber Zablenttheorie[M]. 4th ed. Braunschweig: Viewwg & sohn, 1894.

② BRENT R P. On computing factors of cyclotomic polynomial[J]. Math. Comp., 1993, 61(203): 131-149.

$\{\zeta_n^s, -\zeta_n^t \mid 0 < s,t < n, (st,n)=1, \left(\frac{n-s}{m}\right)=1, \left(\frac{m-t}{m}\right)=-1\}$ 故,如果 $m \equiv 1 \pmod 4$,则 $Z(L)=Z(L^*)$. 且如果 $m>1$,因为 n 是无平方因子的奇数,则 $\phi(n)\equiv 0 \pmod 4$,即 $(-1)^{\phi(n)/2}=1$. 故 $L_{n,m}(x)=L_{n,m}^*(x)$. 比较(3) 和(7) 得 $P_{n,m}(x^2)=P_{n,m}^*(x^2)$,$Q_{n,m}(x^2)=Q_{n,m}^*(x^2)$,因此 $P_{n,m}(x)$,$Q_{n,m}(x)$ 是对称的. 如果 $m\equiv -1 \pmod 4$,易证 $Z(L)=-Z(L^*)$. 因为 $L_{n,m}(x)$ 的次数为偶数,故当 $\phi(n)/2$ 为偶数时,即 n 为合数时,$L_{n,m}(-x)=L_{n,m}^*(x)$,即我们有

$$L_{n,m}(-x)=P_{n,m}(x^2)+\sqrt{\left(\frac{-1}{m}\right)m}\,xQ_{n,m}(x^2)=L_{n,m}^*(x) \tag{8}$$

故由(7) 和(8) 知 $P_{n,m}(x)$ 是对称的,$Q_{n,m}(x)$ 是反对称的. 当 $\phi(n)/2$ 为奇数时,即 n 为素数时,则 $-L_{n,m}(-x)=L_{n,m}^*(x)$,故 $P_{n,m}(x)$ 是反对称的,$Q_{n,m}(x)$ 是对称的. 证毕.

引理 5　对(3) 中的 $L_{n,m}(x)$,有

$$p_k(L_{n,m}(x))=\begin{cases}\mu(n/(k,n))\phi((n,k)) & ,2\mid k\\ \mu(n_1/(k,n_1))\phi((n_1,k))\dfrac{kn_1}{m}\sqrt{\left(\dfrac{-1}{m}\right)m} & ,2\nmid k\end{cases} \tag{9}$$

这里 $k=1,\cdots,\phi(n)$ 且 $n_1=n/m$.

证明　令 $L_1(x)=\prod\limits_s (x-\zeta_n^s)$,这里 s 过式(4). 为叙述方便,我们令 $S_k=\{i \mid 0<i<k,(i,k)=1\}$ 和

$$s=\left(\frac{-1}{m}\right)=\begin{cases}1 & ,m\equiv 1 \pmod 4\\ -1 & ,m\equiv -1 \pmod 4\end{cases} \tag{10}$$

注意到 $(m,n_1)=1$,因 n 是无平方因子的,故

$$p_k(L_1(x))=\sum_{\substack{i\in S_{n_1},j\in S_m\\ \left(\frac{jn_1}{m}\right)=1}}\zeta_n^{k(im+jn_1)}=\left(\sum_{i\in S_{n_1}}\zeta_{n_1}^{ki}\right)\left(\sum_{\substack{j\in S_m\\ \left(\frac{j}{m}\right)=\left(\frac{n_1}{m}\right)}}\zeta_m^{kj}\right)$$

因 $\phi(x)$ 为积性函数且 n_1 是无平方因子的,于是由引理 2、引理 3,我们有

$$\begin{aligned}2p_k(L_1(x))=&\frac{\mu(n_1/(k,n_1))\phi(n_1)}{\phi(n_1/(n_1,k))}\left(\mu(m/(k,m))\phi((k,m))+\left(\frac{kn_1}{m}\right)\sqrt{sm}\right)\\&-\mu(n/(k,n))\phi((n,k))+\mu(n_1/(k,n_1))\phi(n_1,k)\left(\frac{kn_1}{m}\right)\sqrt{sm}\end{aligned}$$

同样我们令 $L_2(x)=\prod_t(x+\zeta_n^t)$，这里 t 过式(4)，则

$$2p_k(L_2(x))=(-1)^k\left(\mu(n/(k,n))\phi((n,k))-\mu(n_1/(k,n_1))\phi((n_1,k))\left(\frac{kn_1}{m}\right)\sqrt{sm}\right)$$

因 $L_{n,m}(x)=L_1(x)L_2(x)$，故

$$p_k(L_{n,m}(x))=p_k(L_1(x))+p_k(L_2(x))$$

于是(9)得证. 证毕.

4.3 公　　式

故我们有下面的定理：

定理　在(3)中，令

$$L_{n,m}(x)=\sum_{j=0}^{2d}l_jx^{2d-j},P_{n,m}(x)=\sum_{j=0}^{d}\alpha_jx^{d-j},Q_{n,m}(x)=\sum_{j=0}^{d-1}\beta_jx^{d-1-j}$$

这里 $d=\phi(n)/2$，则有

$$\alpha_k=\frac{1}{2k}\sum_{j=0}^{k-1}(q_{2k-2j-1}sm\beta_j-q_{2k-2j}\alpha_j) \tag{11}$$

$$\beta_k=\frac{1}{2k+1}\left(q_1\alpha_k+\sum_{j=0}^{k-1}(q_{2k+1-2j}\alpha_j-q_{2k-2j}\beta_j)\right) \tag{12}$$

对 $k=1,\cdots,d$，且这里 $q_k(1\leqslant k\leqslant\phi(n))$ 为

$$q_k=\begin{cases}p_k(L_{n,m}(x))=\mu(n/(k,n))\phi((n,k)) & ,2\mid k\\ p_k(L_{n,m}(x))/\sqrt{sm}=\mu(n_1/(k,n_1))\phi((n_1,k))\left(\frac{kn_1}{m}\right) & ,2\nmid k\end{cases} \tag{13}$$

证明　由(3)有

$$\alpha_i=l_{2i},\beta_j=-l_{2j+1}/\sqrt{sm} \tag{14}$$

特别地，$\alpha_0=l_0=1$，且由(9)知

$$\beta_0=\frac{-l_1}{\sqrt{sm}}=\frac{p_1(L_{n,m}(x))}{\sqrt{sm}}=\mu(n_1)\left(\frac{n_1}{m}\right)$$

由牛顿等式，有

$$\begin{aligned}2kl_{2k}&=-\sum_{j=0}^{2k-1}p_{2k-j}(L_{n,m}(x))l_j\\&=-\sum_{j=0}^{k-1}(p_{2k-2j}(L_{n,m}(x))l_{2j}+p_{2k-2j-1}(L_{n,m}(x))l_{2j+1})\end{aligned} \tag{15}$$

故由式(13)(14) 和(15),我们得式(11). 完全类似的,我们可证式(12). 证毕.

例1　取 $n=15, m=5$. 我们有 $n_1=3, d=\phi(15)/2=4, s=1$. 因此 $\beta_0=\mu(3)\left(\frac{3}{5}\right)=1, q_1=\mu(3)\left(\frac{3}{5}\right)=1, q_2=q_4=\mu(15)=1, q_3=\mu(1)\phi(3)=2$. 于是 (11) - (12) 给出 $\alpha_1=(5q_1\beta_0-q_2\alpha_0)/2=2, \beta_1=(q_1\alpha_1+q_3\alpha_0-q_2\beta_0)/3=1$, $\alpha_2=(5q_3\beta_0-q_4\alpha_0+5q_1\beta_1-q_2\alpha_1)/4=3$.

因 $m\equiv 1 \pmod 4$,根据对称性有 $\alpha_3=\alpha_1=2, \alpha_4=\alpha_0=1, \beta_2=\beta_1=1, \beta_3=\beta_0=1$. 故 $P_{15,5}(x)=x^4+2x^3+3x^2+2x+1$ 和 $Q_{15,5}(x)=x^3+x^2+x+1$,即

$$\Phi_{15}(x)=(x^4+2x^3+3x^2+2x+1)^2-5x(x^3+x^2+x+1)^2$$

例2　我们想分解 $\Phi_{35}(-28)$. 首先令 $n=35, m=7, x=-28$,则 $\left(\frac{-1}{m}\right)mx=14^2$,根据式(11)(12),有

$$P_{35,7}(x)=x^{12}-4x^{11}+6x^{10}-11x^9+15x^8-17x^7+19x^6-17x^5+15x^4-11x^3+6x^2-4x+1$$

$$Q_{35,7}(x)=x^{11}-2x^{10}+3x^9-5x^8+6x^7-7x^6+7x^5-6x^4+5x^3-3x^2+2x-1$$

故

$$\begin{aligned}\Phi_{35}(-28)&=(P_{35,7}(-28)-14Q_{35,7}(-28))(P_{35,7}(-28)+14Q_{35,7}(-28))\\&=392\ 166\ 318\ 115\ 544\ 911\times 142\ 417\ 186\ 769\ 410\ 771\end{aligned}$$

$\mathbf{F}_2$ 上一类多项式不可约因子个数的奇偶性[①]

第5章

5.1 引　　言

对于给定形式的多项式,研究其不可约因子个数的奇偶性是一个有趣的数学问题,在该领域已有很多研究结果. Swan[②] 于 1962 年给出了可以确定 $\mathbf{F}_2$ 上三项式不可约因子个数奇偶性的方法,其中一个著名的结论就是不存在 $\mathbf{F}_2$ 上次数被 8 整除的不可约三项式. Bluher[③] 给出了如下多项式

$$f(x)=x^n+\sum_{i\in S}x^i+1\in\mathbf{F}_2[x]$$

的不可约因子个数的奇偶性,其中 n 是奇数,集合 $S\subset\{i:i\text{ 为奇数且 }0<i<n/3\}\cup\{i:i\equiv n(\bmod 4),0<i<n\}$. Hales 和 Newhart[④] 得到一类四项式 $f(x)=x^n+x^a+x^b+1$ 的不可约因子个数的奇偶性. Ahmadi 和 Menezes[⑤] 给出了具有最大重量的多项式

$$F_{n,m}=(x^{n+1}+1)/(x+1)+x^m\in\mathbf{F}_2[x]$$

的不可约因子个数的奇偶性,其中 n 是奇数并且 $n>m>0$. Ahmadi 和 Vega[⑥] 给出了有限域上偶数次互反多项式的不可约因子个数的奇偶性. 事实上,对于特定形式的多项式的不可约因子个数的奇偶性的研究还有很多.

---

① 摘自《中国科学:数学》,2010 年第 40 卷,第 6 期,553-561 页.

② SWAN R G. Factorization of polynomial over finite fields[J]. Pacific J Math, 1962, 12:1099-1106.

③ BLUHER A W. A Swan-like theorem[J]. Finite Fields Appl, 2006,12:128-138.

④ HALES A W, NEWHART D W. Swan's theorem for binary tetranomials[J]. Finite Fields Appl, 2006,12:301-311.

⑤ AHMADI O, MENEZES A. Irreducible polynomials of maximum weight[J]. Utilitas Mathematica, 2007,72:111-123.

⑥ AHMADI O, VEGA G. On the parity of the number of irreducible factors of self-reciprocal polynomials over finite fields[J]. Finite Fields Appl, 2008,14:124-131.

解放军信息工程大学信息工程学院应用数学系的曾光、何开成、韩文报、范淑琴 4 位教授 2010 年研究了如下多项式的不可约因子个数的奇偶性

$$H(x) = x^{l-ef}(x^f + 1)^e + 1 \in \mathbf{F}_2[x] \tag{1}$$

该多项式来源于 σ-LFSR① 的研究. 关于此多项式，主要得到了如下结论：

定理 1　令 $l,e,f',f = 2^b f',e' = 2^b e$ 为正整数，其中 $b \geqslant 0, 2\nmid f'$ 且 $f > 1$. 令 $H(x)$ 为无平方因子的多项式，其中 $l > ef$，则 $H(x)$ 在 $\mathbf{F}_2[x]$ 中的不可约因子个数为偶数的充要条件为

①$l \equiv 0 \pmod 8$；或者

②$l \equiv 2ef \equiv \pm 2 \pmod 8$ 并且 $e \neq 1, l \neq 2f$；或者

③$(l - ef) \mid 2f$，当 $l \equiv \pm 1 \pmod 8$ 并且 $2 \nmid ef$ 时；或者

④$(l - ef) \nmid 2f$，当 $l \equiv \pm 3 \pmod 8$ 并且 $2 \nmid ef$ 时；或者

⑤$e' \geqslant 4$，当 $l \equiv \pm 3 \pmod 8$ 且 $2 \mid ef$；或者

⑥$f' \mid l$ 且 $e' = 2$，当 $l \equiv \pm 1 \pmod 8$ 时；或者

⑦$f' \nmid l$ 且 $e' = 2$，当 $l \equiv \pm 3 \pmod 8$ 时.

假设如上定理中 $H(x)$ 满足 $e = 1$，则我们就可以得到 Swan② 在 1962 年给出的关于 $\mathbf{F}_2$ 上三项式的重要定理，具体如下.

推论 1　令 $n > k > 0$ 为正整数且 $f(x) = x^n + x^k + 1$ 为 $\mathbf{F}_2$ 上无平方因子的三项式，则 $f(x)$ 在 $\mathbf{F}_2[x]$ 中有偶数个不可约因子当且仅当

①$n \equiv 0 \pmod 8$；或者

②$n \equiv 2k \equiv \pm 2 \pmod 8$ 并且 $n \neq 2k$；或者

③$k \mid 2n$，当 $n \equiv \pm 1 \pmod 8$ 并且 k 为偶数时；或者

④$k \nmid 2n$，当 $n \equiv \pm 3 \pmod 8$ 并且 k 为偶数时.

三项式和五项式是 $\mathbf{F}_2$ 上最简单形式的多项式，那么研究是否存在关于 $\mathbf{F}_2$ 上五项式的类似结论是有意义的数学问题. 事实上，如果 $e = 2^k + 1$，其中 $k \geqslant 1$，那么 $H(x)$ 就是一个 $\mathbf{F}_2$ 上的五项式. 关于这个特殊的五项式，本节有如下结论.

定理 2　令 $T(x) = x^l + x^{l-f} + x^{l-2^k f} + x^{l-(2^k+1)f} + 1 \in \mathbf{F}_2[x]$ 为一个无平因子多项式，其中 $l > (2^k + 1)f$ 且 $k \geqslant 1, f > 1$，则多项式 $T(x)$ 在 $\mathbf{F}_2$ 上有偶数个

① ZENG G, HAN W B, HE K C. High Efficiency Feedback Shift Register: σ - LFSR in Cryptology e Print Archive, Report 2007/114, 2007, http://eprint.iacr.org/

② SWAN R G. Factorization of polynomial over finite fields[J]. Pacific J Math, 1962, 12: 1099-1106.

不可约因子当且仅当

①$l\equiv 0\pmod 8$;或者

②$l\equiv 2(2^k+1)f\equiv \pm 2\pmod 8$;或者

③$(l-(2^k+1)f)\mid 2f$,当 $l\equiv \pm 1\pmod 8$ 且 $2\nmid f$ 时;或者

④$(l-(2^k+1)f)\nmid 2f$,当 $l\equiv \pm 3\pmod 8$ 且 $2\nmid f$ 时;或者

⑤$l\equiv \pm 3\pmod 8$ 且 $2\mid f$.

5.2 Stickelberger-Swan 定理

所有关于有限域上多项式不可约因子个数奇偶性的研究,几乎都需要用到著名的 Stickelberger-Swan 定理,在介绍该定理之前先回顾一下有限域上多项式的判别式和结式的相关结论.这里只简单地给出定义和性质,如需要更细致地了解,请参见相关文献①.

设 K 为一个域,假设多项式

$$f(x)=a\prod_{i=0}^{n-1}(x-x_i)$$

和

$$g(x)=b\prod_{i=0}^{m-1}(x-y_i)$$

的次数分别是 $n,m,a,b\in K$ 为各自的首项系数,其中 $x_0,x_1,\cdots,x_{n-1}$ 和 $y_0,y_1,\cdots,y_{m-1}$ 分别为 $f(x)$ 和 $g(x)$ 在 K 的某个扩域中的所有根,则 $f(x)$ 的判别式为

$$\mathrm{Disc}(f)=a^{2n-2}\prod_{i<j}(x_i-x_j)^2$$

显然有 $\mathrm{Disc}(f)\in K$. 多项式 $f(x)$ 和 $g(x)$ 的结式为

$$\mathrm{Res}(f,g)=(-1)^{mn}b^n\prod_{j=0}^{m-1}f(y_j)=a^m\prod_{i=0}^{n-1}g(x_i)\tag{2}$$

下面的推论直接由两个多项式结式的定义即可得到.

推论 2① 设 $f(x),g(x)$ 如上定义,多项式 $h_1(x),h_2(x),q(x),r(x)\in K[x]$,则

① LIDL R, NIEDERREITER H. Finite Fields. In: Encyclopedia of Mathematics and its Applications, vol. 20[M]. Cambridge: Cambridge University Press, 1983.

①$\mathrm{Res}(f,c)=c^n$，其中 $0\neq c\in K$.

②$\mathrm{Res}(f,-x)=f(0)$.

③$\mathrm{Res}(f,h_1h_2)=\mathrm{Res}(f,h_1)\cdot\mathrm{Res}(f,h_2)$.

④ 对于 $c,d\neq 0$，则 $\mathrm{Res}(cf,dg)=c^m d^n\mathrm{Res}(f,g)$.

⑤ 如果 $f=qg+r$，则 $\mathrm{Res}(f,g)=(-1)^{mn}b^{n-\deg(r)}\mathrm{Res}(g,r)$.

⑥ 如果 $g=fg+r$，则 $\mathrm{Res}(f,g)=a^{m-\deg(r)}\mathrm{Res}(f,r)$.

本文将利用下面的引理计算 $f(x)$ 的判别式.

引理 1　设 $f(x)$ 的定义如上且设 $f(x)$ 首一，$f(0)=1$，则

$$\mathrm{Disc}(f)=(-1)^{n(n-1)/2}\mathrm{Res}(f,f')$$

其中 f' 表示 f 关于 x 的导数.

令 $f(x)=x^n+a_1x^{n-1}+\cdots+a_n\in K[x]$，熟知系数 a_k 由 x_i 的初等对称多项式构成

$$a_k=(-1)^k\sum_{0\leqslant i_1<i_2<\cdots<i_k<n}x_{i_1}x_{i_2}\cdots x_{i_k}$$

其中 $1\leqslant k\leqslant n$. 定义 k 次牛顿初等对称多项式为 $s_k=\sum_{i=0}^{n-1}x_i^k$，其中 $k\geqslant 0$. 注意到若 $a_n\neq 0$，$f(x)$ 的牛顿初等对称多项式 s_{-k} 等于其互反多项式 $x^nf(x^{-1})$ 的 k 次牛顿初等对称多项式.

下面的牛顿恒等式给出了系数 a_k 与 s_k 的关系.

定理 3①　令 $f(x)$ 和 $x_0,x_1,\cdots,x_{n-1}$ 的定义如上，如果 $1\leqslant k\leqslant n$，则有

$$s_k+s_{k-1}a_1+s_{k-2}a_2+\cdots+s_1a_{k-1}+ka_k=0$$

如果 $k>n$，则有

$$s_k+s_{k-1}a_1+s_{k-2}a_2+\cdots+s_{k-n}a_n=0$$

下面是著名的 Stickelberger-Swan 定理，它是下文中用到的主要工具.

定理 4②　假设 n 次多项式 $f(x)\in\mathbf{F}_2[x]$ 为 $\mathbf{F}_2$ 上 r 个不可约多项式的乘积，则有 $r\equiv n\pmod 2$ 当且仅当 $\mathrm{Disc}(G)\equiv 1\pmod 8$，其中 $G(x)\in\mathbf{Z}[x]$ 为 $f(x)$ 在整数环 $\mathbf{Z}$ 上的任意首一提升.

如果 $2\mid n$，$\mathrm{Disc}(G)\equiv 1\pmod 8$ 或者 $2\nmid n$，$\mathrm{Disc}(G)\equiv 5\pmod 8$，由定理 4

---

① LIDL R, NIEDERREITER H. Finite Fields. In: Encyclopedia of Mathematics and its Applications, vol. 20[M]. Cambridge: Cambridge University Press, 1983.

② SWAN R G. Factorization of polynomial over finite fields[J]. Pacific J Math, 1962, 12:1099-1106.

可知 $f(x)$ 含有偶数个不可约多项式因子，自然在 $\mathbf{F}_2$ 上不可约，故可通过计算 $\mathrm{Disc}(G)$ 模 8 给出 $f(x)$ 不可约的充分条件.

5.3 主要定理的证明

本节研究的对象为

$$H(x)=x^{l-ef}(x^f+1)^e+1\in\mathbf{F}_2[x]$$

其中 $l>ef$ 且 $f>1$. 首先需要确定的是 $H(x)$ 何时是一个无平方因子多项式.

命题 1 令 $H(x)$ 如上定义，则 $H(x)$ 是 $\mathbf{F}_2$ 上一个多项式的平方的充要条件为 $2\mid l$ 且 $2\mid ef$.

证明 熟知 $H(x)$ 无重根当且仅当 $\mathrm{g.c.d}(H(x),H'(x))=1$，其中 $H'(x)$ 是 $H(x)$ 关于变元 x 的一阶导数. 首先有

$$H'(x)=(l-ef)x^{l-ef-1}(x^f+1)^e+efx^{l-ef}(x^f+1)^{e-1}x^{f-1}$$

因此

$$x(x^f+1)H'(x)=((l-ef)(x^f+1)+efx^f)H(x)-(l-ef)-lx^f \quad (3)$$

因为 $x(x^f+1)$ 与 $H(x)$ 互素，结合(3)有

$$\begin{aligned}\mathrm{g.c.d}(H(x),H'(x))&=\mathrm{g.c.d}(H(x),x(x^f+1)H'(x))\\&=\mathrm{g.c.d}(H(x),-(l-ef)-lx^f)\end{aligned} \quad (4)$$

所以 $\mathrm{g.c.d}(H(x),H'(x))\neq 1$ 当且仅当 $(l-ef)+lx^f=0$ 在 $\mathbf{F}_2$ 上成立. 故若 $2\mid l$ 且 $2\mid ef$，则 $H(x)$ 为一个多项式的平方.

如要利用 Stickelberger-Swan 定理，需要 $H(x)$ 是无平方因子多项式. 除了 $2\mid l$ 且 $2\mid ef$ 的情况，其他情形均满足此条件. 下面分以下 3 种情况讨论 $H(x)$ 在 $\mathbf{F}_2[x]$ 上不可约因子个数的奇偶性：

(A) $2\mid l$，且 $2\nmid ef$.

(B) $2\nmid lef$.

(C) $2\nmid l$，且 $2\mid ef$.

以下假设 $G(x)=x^{l-ef}(x^f+1)^e+1\in\mathbf{Z}[x]$ 为 $H(x)$ 在整数环 $\mathbf{Z}$ 上的一个给定的首一提升，并设 $x_0,x_1,\cdots,x_{l-1}$ 为 $G(x)$ 在有理数域 $\mathbf{Q}$ 的某个扩域上的所有根.

为了证明定理 1，需要用到 $\mathrm{Disc}(G)$ 的简化形式.

引理 2 令 $G(x)=x^{l-ef}(x^f+1)^e+1\in\mathbf{Z}[x]$ 且 $l>ef$，则 $G(x)$ 的判别式为

$$\mathrm{Disc}(G)=(-1)^{l(l-1)/2+lf}\mathrm{Res}(G,lx^f+l-ef)$$

证明　注意到 $\mathrm{Res}(G(x),x)=(-1)^l$, $\mathrm{Res}(G(x),x^f+1)=(-1)^{lf}$ 和 $(G(x),x(x^f+1))=1$. 利用引理 1,可得

$$\begin{aligned}\mathrm{Disc}(G(x))&=(-1)^{l(l-1)/2}\mathrm{Res}(G(x),G'(x))\\&=(-1)^{l(l+1)/2}\mathrm{Res}(G(x),x(x^f+1)G'(x))\\&=(-1)^{l(l+1)/2+lf}\mathrm{Res}(G(x),-(l-ef)-lx^f)\\&=(-1)^{l(l-1)/2+lf}\mathrm{Res}(G(x),lx^f+l-ef)\end{aligned}\tag{5}$$

引理得证.

引理 3　令 $G(x)$ 和 $x_0,x_1,\cdots,x_{l-1}$ 如上定义,则

①$s_f=-ef$.

②$s_{2f}=\begin{cases}-ef, & 如果(e,l)=(1,2f)\\ ef, & 其他\end{cases}$.

证明　令 $G(x)=x^l+\mathrm{C}_e^1x^{l-f}+\cdots+\mathrm{C}_e^{e-1}x^{l-(e-1)f}+x^{l-ef}+1$,其中 C_e^i 为二项式系数. 由定理 3 的牛顿恒等式可知 $s_f=-ef$.

下面证明结论 ②. 如果 $e\geqslant 2$,则有

$$s_{2f}+\mathrm{C}_e^1s_f+2f\mathrm{C}_e^2=0$$

因此 $s_{2f}=ef$. 如果 $e=1$,则

$$G(x)=x^l+x^{l-f}+1$$

(ⅰ) 若 $l=2f$,则 $s_{2f}+s_f+2f=0$,因此 $s_{2f}=-f$.

(ⅱ) 若 $l>2f$,则 $s_{2f}+s_f=0$,因此 $s_{2f}=f$.

(ⅲ) 若 $l<2f$,由于 $2f-l<f$,则有 $s_{2f}+s_f+s_{2f-l}=0$ 且 $s_{2f-l}=0$,因此 $s_{2f}=f$.

下面来处理情形(A).

命题 2　设 $2\mid l$ 且 $2\nmid ef$,则 $H(x)$ 在 $\mathbf{F}_2[x]$ 上有偶数个不可约因子当且仅当

①$l\equiv 0 \pmod 8$;或者

②$l\equiv 2ef\equiv \pm 2 \pmod 8$ 并且 $(e,l)\neq(1,2f)$.

证明　根据引理 2,有

$$\mathrm{Disc}(G(x))=(-1)^{l(l-1)/2+lf}\prod_{k=0}^{l-1}(l(x_k^f+1)-ef)\tag{6}$$

其中 $x_0,x_1,\cdots,x_{l-1}$ 为 $G(x)$ 的根,由于 l 为偶数有

$$\mathrm{Disc}(G(x))=(-1)^{l(l-1)/2}\Big((-ef)^{l}+(-ef)^{l-1}\sum_{k=0}^{l-1}l(x_k^f+1)+$$
$$(-ef)^{l-2}\sum_{0\leqslant i<j\leqslant l-1}l^2(x_i^f+1)(x_j^f+1)+$$
$$l^3S(x_0,x_1,\cdots,x_{l-1})\Big)\tag{7}$$

其中$S(x_0,x_1,\cdots,x_{l-1})\in\mathbf{Z}[x_0,x_1,\cdots,x_{l-1}]$. 因为$\mathrm{Disc}(G)$为关于$x_0,x_1,\cdots,x_{l-1}$的对称多项式,且所有(7)右端的多项式均为对称多项式,所以$S(x_0,x_1,\cdots,x_{l-1})$也是一个关于$x_0,x_1,\cdots,x_{l-1}$的对称多项式,因此$S(x_0,x_1,\cdots,x_{l-1})$是一个代数整数,则有

$$\mathrm{Disc}(G(x))\equiv(-1)^{l(l-1)/2}\Big((-ef)^{l}+(-ef)^{l-1}\sum_{i=0}^{l-1}l(x_i^f+1)+$$
$$\frac{1}{2}(-ef)^{l-2}l^2\sum_{0\leqslant i\neq j\leqslant l-1}(x_i^f+1)(x_j^f+1)\Big)\pmod 8$$

可将其化简为

$$\mathrm{Disc}(G(x))\equiv(-1)^{l(l-1)/2}(-ef)^{l-2}\Big((-ef)^2+(ef)l(s_f+l)+$$
$$l^2\Big(\frac{1}{2}(s_f^2-s_{2f})+(l-1)s_f+\mathrm{C}_l^2\Big)\Big)\pmod 8$$
$$\equiv(-1)^{l(l-1)/2}(-ef)^{l-2}\cdot$$
$$\Big((ef)^2-efl(s_f+l)+l^2\Big(\frac{1}{2}(s_f^2-s_{2f})-s_f+\mathrm{C}_f^2\Big)\Big)\pmod 8$$

其中C_l^2是组合数,s_f和s_{2f}是关于$G(x)$的牛顿多项式. 下面分3种情形考虑上式:

(ⅰ)若$l\equiv 0\pmod 8$,由于e,f为奇数,容易看出有$\mathrm{Disc}(G(x))\equiv 1\pmod 8$.

(ⅱ)若$l\equiv 4\pmod 8$,则有$\mathrm{Disc}(G(x))\equiv 1+l\equiv 5\pmod 8$.

(ⅲ)若$l\equiv\pm 2\pmod 8$,则有$\mathrm{Disc}(G(x))\equiv 1-l+2s_{2f}\pmod 8$.

由引理3可知$\mathrm{Disc}(G(x))\equiv 1$,当且仅当$ef\equiv\pm 1\pmod 4$并且$(e,l)\neq(1,2f)$.

再由Stickelberger-Swan定理可知结论成立.

为了处理情形(B),我们需要如下引理:

引理4 设$2\nmid lef$且$l>ef$,令

$$G^*(x)=(x^f+1)^e+x^l\in\mathbf{Z}[x]$$

为$G(x)$的互反多项式,$s_k^*=\sum_{i=0}^{l-1}y_i^k$为$G^*(x)$的$k$次牛顿初等对称多项式,其中

k 是正整数,$y_0,y_1,\cdots,y_{l-1}$ 为 $G^*(x)$ 在有理数域 $\mathbf{Q}$ 的某个扩域上的根,则如下等式成立:

①$s_f^* = 0$.

②$s_{2f}^* = \begin{cases} -(l-ef), & 如果(l-ef) \mid 2f \\ 0, & 否则 \end{cases}$.

证明 首先有

$$G^*(x) = x^l + x^{ef} + C_e^{e-1}x^{(e-1)f} + \cdots + C_e^1 x^f + 1 = x^l + \sum_{i=1}^{l} a_i x^{l-i}$$

因为 C_e^e 和 C_e^{e-1} 之间的系数差距为 f,所以除了 s_f^*,在牛顿恒等式

$$s_f^* + s_{f-1}^* a_1 + \cdots + s_1^* a_{f-1} + f a_f = 0$$

中至多有一个非零项. 由 l,e,f 为奇数,可得

$$s_f^* = \begin{cases} 0, & l-ef > f \\ -s_{f-(l-ef)}^*, & l-ef < f \end{cases}$$

由于 $l \neq (e+1)f$,可以应用牛顿恒等式得

$$s_{f-(l-ef)}^* + s_{f-(l-ef)-1}^* a_1 + \cdots + s_1^* a_{f-(l-ef)-1} + (f-(l-ef))a_{f-(l-ef)} = 0$$

因此有

$$s_{f-(l-ef)}^* = \begin{cases} 0, & l-ef > f-(l-ef),即\ 2(l-ef) > f \\ -s_{f-2(l-ef)}^*, & l-ef < f-(l-ef),即\ 2(l-ef) < f \end{cases}$$

重复进行上述过程并注意到对任意的 k,都有 $l \neq k(e+1)f$,故可得

$$s_{f-(k-1)(l-ef)}^* = \begin{cases} 0, & k(l-ef) > f \\ -s_{f-k(l-ef)}^*, & k(l-ef) < f \end{cases}$$

另外容易看出,对于 $l-fe$ 总存在整数 k 使得 $k(l-fe) > f$,因此有 $s_f^* = 0$.

对于 s_{2f}^*,利用同上述证明 s_f^* 中的类似方法可得

$$s_{2f-(k-1)(l-ef)}^* = \begin{cases} 0, & k(l-ef) > 2f \\ -(l-ef), & k(l-ef) = 2f \\ -s_{2f-k(l-ef)}^*, & k(l-ef) < 2f \end{cases}$$

其中 k 是一个正整数. 利用此等式可以容易地得到 s_{2f}^*.

命题3 设 $2 \nmid lef$,则 $H(x)$ 在 $\mathbf{F}_2[x]$ 上有偶数个不可约因子当且仅当:

①$(l-ef) \mid 2f$,当 $l \equiv \pm 1 \pmod 8$;或者

②$(l-ef) \nmid 2f$,当 $l \equiv \pm 33 \pmod 8$.

证明 由引理2,可得

$$\mathrm{Disc}(G(x))=(-1)^{\frac{l(l-1)}{2}+lf}\Big(l^l\prod_{i=0}^{l-1}x_i^f+l^{l-1}(l-ef)\sum_{i=0}^{l-1}\Big(\prod_{k\neq i}x_k^f\Big)+$$
$$l^{l-2}(l-ef)^2\sum_{i<j}\Big(\prod_{k\neq i,j}x_k^f\Big)+(l-ef)^3S(x_0,x_1,\cdots,x_{l-1})\Big)$$

其中 $S(x_0,x_1,\cdots,x_{l-1})\in\mathbf{Z}[x_0,x_1,\cdots,x_{l-1}]$. 由于 $2\nmid lef$,则有 $2\mid(l-ef)$,所以在 mod 8 时上面的 $\mathrm{Disc}(G)$ 只有 3 项,故有

$$\mathrm{Disc}(G(x))\equiv(-1)^{\frac{l(l-1)}{2}+lf}\Big((-l)^l+(l-ef)l^{l-1}\sum_{i=0}^{l-1}x_i^{-f}+$$
$$(l-ef)^2l^{l-2}\sum_{i<j}x_i^{-f}x_j^{-f}\Big)\pmod 8$$
$$\equiv(-1)^{\frac{l(l-1)}{2}+lf}\Big((-l)^l+(l-ef)l^{l-1}s_{-f}+$$
$$\frac{1}{2}(l-ef)^2l^{l-2}(s_{-f}^2-s_{-2f})\Big)\pmod 8$$

注意到 $G(0)\neq 0$,则 $x_0^{-1},\cdots,x_{l-1}^{-1}$ 为互反多项式 $x^nG(x^{-1})$ 的根,所以有

$$s_{-f}=s_f^*,\ s_{-2f}=s_{2f}^*$$

其中 s_f^*,s_{2f}^* 同在引理 4 中的定义. 再由引理 4 可得

$$\mathrm{Disc}(G(x))\equiv(-1)^{\frac{l(l-1)}{2}}\frac{1}{2}(l-ef)^2s_{2f}^*+(-1)^{\frac{l(l-1)}{2}}l^l\pmod 8$$

在此,需要考虑两种情形:

(ⅰ)若 $(l-ef)\mid 2f$,则 $\frac{l-ef}{2}$ 是奇数. 由引理 4 知 $s_{2f}^*=-(l-ef)$,于是有

$$\mathrm{Disc}(G(x))\equiv(-1)^{\frac{l(l-1)}{2}}\Big(l^l-\frac{4f}{t}\Big)\equiv(-1)^{\frac{l(l-1)}{2}}(l-4)\pmod 8$$

所以若 $l\equiv\pm1\pmod 8$,有 $\mathrm{Disc}(G(x))\equiv5\pmod 8$;否则有 $\mathrm{Disc}(G(x))\equiv 1\pmod 8$.

(ⅱ)若 $(l-ef)\nmid 2f$,则

$$\mathrm{Disc}(G(x))\equiv(-1)^{\frac{l(l-1)}{2}}l^l\pmod 8$$

因此若 $l\equiv\pm3\pmod 8$,有 $\mathrm{Disc}(G(x))\equiv5\pmod 8$;否则有 $\mathrm{Disc}(G(x))\equiv 1\pmod 8$.

因为 l 为奇数,由 Stickelberger-Swan 定理知 $H(x)$ 有偶数个不可约因子当且仅当 $\mathrm{Disc}(G(x))\equiv5\pmod 8$,这样就完成了定理的证明.

下面来处理情形(C),即 $2\mid ef$ 且 $2\nmid l$ 的情形. 令 $f=2^bf'$,$e'=2^be$,其中 $2\nmid f'$ 且 $b>0$. 因为

$$H(x)=x^{l-ef}(x^f+1)^e+1=x^{l-e'f'}(x^{f'}+1)^{e'}+1$$

为方便起见，不妨假设 f 总为奇数. 则只需在 l,f 为奇数，e 为偶数的情形下考察 $H(x)$ 的不可约因子个数的奇偶性.

引理 5　令 l 为奇数且 $h(x)=l^fx^f+l^{f-1}(l-ef)$，$g(x)=l^lG(x)$，则有

$$\mathrm{Disc}(G)=(-1)^{l(l-1)/2+lf}l\mathrm{Res}(h,g)$$

证明　由于 l 为奇数，容易验证得到

$$\begin{aligned}l\mathrm{Res}(h(x),g(x))&=l\mathrm{Res}(l^lG,l^{f-1}(lx^f+l-ef))\\&=l(l^l)^f(l^{f-1})^l\mathrm{Res}(G,lx^f+l-ef)\\&=l^{l+1}\mathrm{Res}(G,lx^f+l-ef)\\&=\mathrm{Res}(G,lx^f+l-ef)\end{aligned}$$

再利用引理 2 就可以完成证明.

引理 6　令 $h(x)$ 由引理 5 定义，$z_0,z_1,\cdots,z_{f-1}$ 为 $h(x)$ 在有理数域 $\mathbf{Q}$ 的某个扩域上的根，则有

$$\sum_{i=0}^{f-1}(lz_i)^k=\begin{cases}(-1)^{\frac{k}{f}}f(l^f-l^{f-1}ef)^{\frac{k}{f}}, & f\mid k\\0, & f\nmid k\end{cases}$$

其中 k 是一个整数.

证明　如果 $f\mid k$，令 $k=fk_1,k_1\in\mathbf{Z}$. 因为 $z_0,z_1,\cdots,z_{f-1}$ 为 $h(x)$ 的所有根，所以 $y_0=lz_0,y_1=lz_1,\cdots,y_{f-1}=lz_{f-1}$ 为 $h_1(y)=y^f+(l^f-l^{f-1}ef)\in\mathbf{Z}[y]$ 在 $\mathbf{R}$ 上的根. 再对 $h_1(x)$ 应用牛顿恒等式，有

$$s'_f=\sum_{i=0}^{f-1}y_i^f=-f(l^f-l^{f-1}ef)$$

对于 $k_1\geqslant1$，同样有 $s'_{k_1f}=-s'_{(k_1-1)f}(l^f-l^{f-1}ef)$，因此

$$\sum_{i=0}^{f-1}(lz_i)^{k_1f}=(-1)^{k_1}f(l^f-l^{f-1}ef)^{k_1}$$

对于 $f\nmid k$ 的情形同样可以证明.

命题 4　令 l,f 为奇数，e 为偶数，则 $H(x)$ 在 $\mathbf{F}_2[x]$ 上有偶数个不可约因子当且仅当：

①$e\geqslant4$，当 $l\equiv\pm3\pmod 8$；或者

②$f\mid l$ 且 $e=2$，当 $l\equiv\pm1\pmod 8$；或者

③$f\nmid l$ 且 $e=2$，当 $l\equiv\pm3\pmod 8$.

证明　令 $h(x),g(x)$ 由引理 5 定义，并设 $z_0,z_1,\cdots,z_{f-1}$ 为 $h(x)$ 的根，于是有

$$\begin{aligned}\mathrm{Res}(g(x),h(x)) &= (-1)^{lf}(l^f)^l\prod_{i=0}^{f-1}g(z_i)\\ &= (-1)^{lf}(l^f)^l\prod_{i=0}^{f-1}((lz_i)^{l-ef}((lz_i)^f+l^f)^e+l^l)\end{aligned}$$

再由$(lz_i)^f+l^f=l^{f-1}ef$且$2\nmid l,2\nmid f,2\mid e$,故有

$$\begin{aligned}\mathrm{Res}(g(x),h(x)) &= (-1)^{lf}(l^f)^l\prod_{i=0}^{f-1}((lz_i)^{l-ef}(l^{f-1}ef)^e+l^l)\\ &\equiv (-1)^{lf}l^f\left(l^{lf}+l^{l(f-1)}(l^{f-1}ef)^e\sum_{i=0}^{f-1}(lz_i)^{l-ef}\right)\pmod 8\end{aligned}$$

由引理5可得

$$\mathrm{Disc}(G(x))\equiv(-1)^{l(l-1)/2}l^{f+1}\left(l^{lf}+l^{l(f-1)}(l^{f-1}ef)^e\sum_{i=0}^{f-1}(lz_i)^{l-ef}\right)\pmod 8$$

下面,考虑3种情形

①若$e\geqslant 4$,则$\mathrm{Disc}(G(x))\equiv(-1)^{l(l-1)/2}l$.若$l\equiv\pm 3\pmod 8$,则有$\mathrm{Disc}(G(x))\equiv 5\pmod 8$,否则有$\mathrm{Disc}(G(x))\equiv 1\pmod 8$.

②若$e=2$且$f\nmid l$,则$f\nmid(l-2f)$.由引理6有$\sum_{i=0}^{f-1}(lz_i)^{l-2f}=0$,因此$\mathrm{Disc}(G(x))\equiv(-1)^{l(l-1)/2}l$,故可得同$e\geqslant 4$时一样的结论.

③若$e=2$且$f\mid l$,有$f\mid(l-2f)$,故

$$\sum_{i=0}^{f-1}(lz_i)^{l-2f}=(-1)^{\frac{l-2f}{f}}f(l^f-2l^{f-1}f)^{\frac{l-2f}{f}}\equiv -f(l-2f)\equiv 2-fl\pmod 8$$

于是有

$$\mathrm{Disc}(G(x))\equiv(-1)^{l(l-1)/2}(l+4(2-fl))\equiv(-1)^{l(l-1)/2}(l+4)$$

若$l\equiv\pm 1\pmod 8$,则有$\mathrm{Disc}(G(x))\equiv 5\pmod 8$,否则有$\mathrm{Disc}(G(x))\equiv 1\pmod 8$.

因为l为奇数,所以由Stickelberger-Swan定理知$H(x)$有偶数个不可约因子当且仅当$\mathrm{Disc}(G(x))\equiv 5\pmod 8$.这样就完成了命题4的证明.

综上所述,综合命题2、命题3和命题4,就可以得到定理1.

第6章 分圆多项式与逆分圆多项式

6.1 分圆多项式

南京师范大学的周宇同学2014年在其指导教师纪春岗教授的指导下完成了题为《分圆多项式的算术性质》的硕士学位论文. 在论文中他先给出了关于分圆多项式的一些基本概念以及一些重要结论.

n次分圆多项式是指n次本原单位根在有理数域$\mathbf{Q}$上的极小多项式,其定义如下

$$\Phi_n(x)=\prod_{\substack{1\leqslant j\leqslant n\\(j,n)=1}}(x-\mathrm{e}^{2\pi ij/n})=\sum_{k=0}^{\phi(n)}a(n,k)x^k$$

其中$\phi(n)$是欧拉函数,我们可知$x^n-1=\prod_{d\mid n}\Phi_d(x)$. 显然,$\Phi_n(x)\in\mathbf{Z}[x]$,并为$\mathbf{Q}$上的不可约多项式.

设$A(n)=\max\{|a(n,k)||0\leqslant k\leqslant\phi(n)\}$. 如果$A(n)=1$,那么我们称分圆多项式$\Phi_n(x)$是平坦的. 如果$A(n)>1$,那么我们称分圆多项式$\Phi_n(x)$是非平坦的.

命题1 设$\mu(n)$表示麦比乌斯函数,那么

$$\Phi_n(x)=\prod_{d\mid n}(x^{n/d}-1)^{\mu(d)}=\prod_{d\mid n}(x^d-1)^{\mu(n/d)}$$

证明 首先证明这样的结论:

若$f(n)=\prod_{d\mid n}g(d)$,那么$g(n)=\prod_{d\mid n}(f(n/d))^{\mu(d)}$.

证明如下:

$$\begin{aligned}\prod_{d\mid n}(f(n/d))^{\mu(d)} &= \prod_{d\mid n}\Big(\prod_{m\mid (n/d)} g(m)\Big)^{\mu(d)} \\ &= \prod_{m\mid n}\Big(\prod_{d\mid (n/m)} g(m)^{\mu(d)}\Big) \\ &= \prod_{m\mid n} g(m)^{\sum_{d\mid (n/m)}\mu(d)} \\ &= g(n)\end{aligned}$$

又由于 $x^n-1=\prod\limits_{d\mid n}\Phi_d(x)$，那么命题 1 得证.

命题 2 设 n 为正整数，p 为素数.

(1) 如果 $p\mid n$，那么 $\Phi_{pn}(x)=\Phi_n(x^p)$. 因此 $A(pn)=A(n)$.

(2) 如果 $p\nmid n$，那么 $\Phi_{pn}(x)=\Phi_n(x^p)/\Phi_n(x)$.

(3) 如果 n 为奇数且 $n>1$，那么 $\Phi_{2n}(x)=\Phi_n(-x)$，因此 $A(2n)=A(n)$.

证明 (1) 若 m 为含平方因子的整数时，$\mu(m)=0$. 特别地，m 为素数时，$\mu(m)=-1$.

$$\begin{aligned}\Phi_{np}(x) &= \prod_{d\mid np}(x^{(np)/d}-1)^{\mu(d)} \\ &= \prod_{\substack{d\mid np\\ d\mid n}}(x^{(np)/d}-1)^{\mu(d)} \\ &= \prod_{d\mid n}((x^p)^{n/d}-1)^{\mu(d)} \\ &= \Phi_n(x^p)\end{aligned}$$

因此 $A(pn)=A(n)$.

(2) 如果 $p\nmid n$，那么可知 $\mu(np)=-\mu(n)$.

$$\begin{aligned}\Phi_{np}(x) &= \prod_{d\mid np}(x^{(np)/d}-1)^{\mu(d)} \\ &= \prod_{\substack{d\mid np\\ (d,n)=1}}(x^{(np)/d}-1)^{\mu(d)}\prod_{\substack{p\mid d\\ d\mid np}}(x^{(np)/d}-1)^{\mu(d)} \\ &= \prod_{d\mid n}((x^p)^{n/d}-1)^{\mu(d)}\prod_{d_1\mid n}(x^{n/d_1}-1)^{\mu(d_1p)} \\ &= \prod_{d\mid n}((x^p)^{n/d}-1)^{\mu(d)}\prod_{d_1\mid n}(x^{n/d_1}-1)^{-\mu(d_1)} \\ &= \Phi_n(x^p)/\Phi_n(x)\end{aligned}$$

(3) 易知对奇数 $n\geqslant 3$，有 $\mu(2n)=-\mu(n)$.

$$\begin{aligned}\Phi_{2n} &= \prod_{d\mid (2n)}(x^d-1)^{\mu(2n/d)} \\ &= \prod_{2\mid d}(x^d-1)^{\mu((2n)/d)}\prod_{d\mid n}(x^d-1)^{\mu((2n)/d)}\end{aligned}$$

$$= \prod_{d|n} ((x^d - 1)^{\mu((2n)/d)}(x^{2d} - 1)^{\mu(n/d)})$$
$$= \prod_{d|n} (x^d + 1)^{\mu(n/d)}$$
$$= \prod_{d|n} (-x^d - 1)^{\mu(n/d)}$$

因此 $A(2n) = A(n)$.

由命题2可知,研究 $A(n)$ 时,我们只需考虑 n 无平方因子奇数时的情形.

设 $n > 1$ 且无平方因子. 令 k 是 n 的不同奇素数因子的个数,k 就称为分圆多项式 $\Phi_n(x)$ 的阶.

设 $p < q$ 均为奇素数,那么 $\Phi_{pq}(x)$ 的所有系数的绝对值均小于或等于1. 特别地,$A(pq) = 1$. 已经有很多文献①②③④对它的算术性质做出了研究. 这样二阶分圆多项式的平坦性就清楚了.

现在我们考虑三阶分圆多项式 $\Phi_{pqr}(x)$,其中 $p < q < r$ 均为奇素数.

1895年,Bang⑤ 证明了 $\Phi_{pqr}(x)$ 的如下上界

$$A(pgr) \leqslant p - 1$$

1936年,Lehmer⑥ 给出了下面的结论:

设 $p < q < r$ 均为素数,其中 $q \equiv 2 \pmod p$,$2r \equiv -1 \pmod{pq}$,那么

$$a\left(pqr, \frac{(p-3)(qr+1)}{2}\right) = \frac{p-1}{2}$$

---

① CARLITZ L. The number of terms in the cyclotomic polynomial $F_{pq}(x)$[J]. Amer. Math. Monthly., 1966(73):979-981.

② LAM T Y, LEUNG K H. On the cyclotomic polynomial $\Phi_{pq}(X)$[J]. Amer. Math. Monthly., 1996(103):562-564.

③ LENSTRA H W. Vanishing sums of roots of unity[J]. Proceedings, Bicentennial Congress Wiskundig Genootschap(Vrije Univ., Amsterdam, 1978), PartⅡ. (1979), 249-268.

④ THANGADURAI R. On the coefficients of cyclotomic polynomials, in: Cyclotomic Fields and Related Topics, Pune, 1999, Bhaskaracharya Pratishthana, Pune(200), 311-322.

⑤ BANG A S. On Lingingen $\Phi_n(x) = 0$[J]. Tidsskr. Math., 1895(6):6-12.

⑥ LEHMER E. On the magnitude of the coefficients of the cyclotomic polynomial[J]. Bull. Amer. Math. Soc., 1936(42):389-392.

Beiter①② 改进了 Bang③ 的结论

$$A(pqr) \leqslant p - \left[\frac{p+1}{4}\right]$$

并猜想：

猜想 1(Beiter Conjecture)　如果 $p < q < r$ 均为奇素数，那么

$$A(pqr) \leqslant \frac{p+1}{2}$$

特别地，Beiter④ 证明了当 $q \equiv \pm 1 \pmod p$ 或 $r \equiv \pm 1 \pmod p$ 时猜想 1 是正确的.

1971 年，Möller⑤ 证明

$$a\left(pqr, \frac{(p-1)(qr+1)}{2}\right) = \frac{p+1}{2}$$

其中 $p < q < r$ 均为奇素数，且 $q \equiv 2 \pmod p$，$2r \equiv -1 \pmod{pq}$. 如果猜想正确，那么对任何奇素数 p 存在无穷对素数 $q < r$ 使得 $A(pqr) = \frac{p+1}{2}$，这将是 Beiter Conjecture 的最好结果.

2003 年，Bachman⑥ 证明了下面的结论：

命题 3　① 设 $p < q < r$ 均为奇素数. 设 $q \equiv \pm 1, \pm 2 \pmod p$ 或 $r \equiv \pm 1, \pm 2 \pmod p$，那么

$$A(pqr) \leqslant \frac{p+1}{2}$$

② 设 $q \equiv \frac{p \pm 1}{2} \pmod p$ 或 $r \equiv \frac{p \pm 1}{2} \pmod p$，那么

① BEITER M. Magnitude of the coefficients of the cyclotomic polynomial F_{pqr}[J]. Amer. Math. Monthly., 1968(75):370-372.

② BEITER M. Magnitude of the coefficients of the cyclotomic polynomial F_{pqr}, Ⅱ[J]. Duke Math. J., 1971(38):591-594.

③ BANG A S. On Lingingen $\Phi_n(x) = 0$[J]. Tidsskr. Math., 1895(6):6-12.

④ BEITER M. Magnitude of the coefficients of the cyclotomic polynomial F_{pqr}[J]. Amer. Math. Monthly., 1968(75):370-372.

⑤ MÖLLER H. Uber die Koeffizienten des n-ten Kreisteilungspolynoms[J]. Math. Z., 1971(119):33-40.

⑥ BACHMAN G. On the coefficients of ternary cyclotomic polynomials[J]. J. Number Theory, 2003(100):104-116.

$$A(pqr) \leqslant \frac{p+3}{2}$$

2009 年,Gallot 和 Moree① 证明了当 $p \geqslant 11$ 时 Beiter Conjecture 是错误的,并给出了下面的猜想:

猜想 2(Corrected Beiter Conjecture)　设 $p < q < r$ 均为奇素数,那么

$$A(pqr) \leqslant \frac{2p}{3}$$

2010 年,Zhao 和 Zhang② 给出了 Corrected Beiter Conjecture 成立的一个充分条件,并且证明了当 $p = 7$ 时的情况.

以上均是考虑 $A(pqr)$ 的上界问题,同样地我们也可以考虑 $A(pqr)$ 的下界问题.

1978 年,Beiter③ 给出了关于 $A(3qr)$ 的如下性质:

命题 4　$3 < q < r$ 均为素数,其中 $r = \frac{tq \pm 1}{h}$,$1 < h < \frac{q-1}{2}$,那么 $A(3qr) = 1$ 当且仅当满足下面条件之一:

①$t \equiv 0 \pmod 3$,$h + q \equiv 0 \pmod 3$.

②$h \equiv 0 \pmod 3$,$t + r \equiv 0 \pmod 3$.

2006 年,Bachman④ 第一次证明了存在无穷多的平坦三阶分圆多项式,并给出了如下命题:

命题 5　设 $p \geqslant 5$,其中 p 为素数,那么存在无穷对素数 q 和 r,其中 $p < q < r$,使得 $\Phi_{pqr}(x)$ 是平坦的,即 $A(pqr) = 1$. 特别地,对满足条件:$q = \tau p - 1$ 和 $r = \kappa pq + 1$ 的 q 和 r,$\Phi_{pqr}(x)$ 是平坦的.

---

① GALLOT Y, MOREE P. Ternary cyclotomic polynomials having a large coefficient[J]. J. Reine Angew. Math. 2009(632):105-125.

② ZHAO J, ZHANG X K. Coefficients of ternary cyclotomic polynomials[J]. Journal of Number Theory., 2010(130): 2223-2237.

③ BEITER M. Coefficients of the cyclotomic polynomial $F_{3qr}(x)$[J]. Fibonacci Quart., 1978(16):302-306.

④ BACHMAN G. Flat cyclotomic polynomials of order three[J]. Bull. London Math. Soc., 2006(38):53-60.

2007 年,Kaplan① 改进了 Bachman② 的结果,并证明了下面两个命题:

命题6 设 $p < q < r$ 均为奇素数且 $r \equiv \pm 1 \pmod{pq}$,那么 $\Phi_{pqr}(x)$ 是平坦的.

命题7 设 $p < q < r$ 均为奇素数,令 $s > q$ 为素数且如果 $s \equiv \pm r \pmod{pq}$,那么 $A(pqr) = A(pqs)$.

2010 年,Ji③ 证明了下述命题:

命题8 设 $p < q < r$ 均为奇素数,其中 $2r \equiv \pm 1 \pmod{pq}$,那么 $\Phi_{pqr}(x)$ 平坦当且仅当 $p = 3$ 且 $q \equiv 1 \pmod{p}$.

在命题 8 的基础上,我们将阐述 $\Phi_{3qr}(x)$ 在 $4r \equiv \pm 1 \pmod{3q}$ 条件下的情形,其中 $3 < p < r$ 均为素数;并给出三阶分圆多项式 $\Phi_{pqr}(x)$ 在 $q \equiv 1 \pmod{p}$, $4r \equiv \pm 1 \pmod{pq}$ 条件下的一些结论.

定理 1 设 $7 \leqslant p < q < r$ 均为素数,$q = kp + 1, 4r \equiv 1 \pmod{pq}, k \in \mathbf{Z}$. 如果 p,k 满足下述条件:$p \equiv 1 \pmod 4, k \geqslant 4$ 或者 $p \equiv 3 \pmod 4, k \geqslant 2$,那么 $a(pqr, pqr - 5qr + q + r + 1) = 2$.

推论 1 设 $7 \leqslant p < q < r$ 均为素数,$q = kp + 1, 4r \equiv \pm 1 \pmod{pq}, k \in \mathbf{Z}$. 如果 $p \equiv 1 \pmod 4, k \geqslant 4$ 或者 $p \equiv 3 \pmod 4, k \geqslant 2$,那么 $\Phi_{pqr}(x)$ 是非平坦的.

定理2 设 $3 < q < r$ 均为素数,$4r \equiv \pm 1 \pmod{3q}$,那么 $A(3qr) = 1$ 当且仅当 $q = 3k + 2, k \geqslant 2, k \in \mathbf{Z}$.

注记 1 如果 $5 < q < r$ 均为素数,$q \equiv 1 \pmod 5, 4r \equiv \pm 1 \pmod{5q}$. 利用 PAIR/GP 可得 $A(5 \cdot 71 \cdot 89) = 1$ 和 $A(5 \cdot 11 \cdot 79) = 2$,即存在平坦的与非平坦的三次分圆多项式 $\Phi_{5qr}(x)$ 的例子.

注记2 上述关于分圆多项式的定理1、推论1、定理2以及注记1中的性质是张彬学长与(周宇)共同研究的结果.

以上的内容均是关于分圆多项式的算术性质,我们也可以考虑逆分圆多项式的算术性质.

---

① KAPLAN N. Flat cyclotomic polynomials of order three[J]. J. Number Theory., 2007(127):118-126.

② BACHMAN G. Flat cyclotomic polynomials of order three[J]. Bull. London Math. Soc., 2006(38):53-60.

③ JI C G. A special family of cyclotomic polynomials of order three[J]. Science China Math., 2010(53):2269-2274.

6.2　逆分圆多项式

我们定义逆分圆多项式

$$\Psi_n(x)=\prod_{\substack{1\leqslant j\leqslant n\\(j,n)>1}}(x-\mathrm{e}^{\frac{2\pi\mathrm{i}j}{n}})=\sum_{k=0}^{n-\phi(n)}c(n,k)x^k$$

设 $C(n)=\max\{|c(n,k)||0\leqslant k\leqslant n-\phi(n)\}$. 如果 $C(n)=1$,那么我们称逆分圆多项式 $\Psi_n(x)$ 是平坦的;如果 $C(n)>1$,那么我们称逆分圆多项式 $\Psi_n(x)$ 是非平坦的.

2009 年,Moree① 给出了命题 9:

命题 9　设 $p<q<r$ 均为奇素数,那么

$$C(pqr)\leqslant\left[\frac{(p-1)(q-1)}{r}\right]+1\leqslant p-1$$

2009 年,Gallot 和 Moree② 证明了命题 10:

命题 10　设 $p<q<r$ 均为奇素数,那 $C(pqr)=p-1$ 当且仅当$q\equiv r\equiv\pm 1(\mathrm{mod}\ p)$, $r<\dfrac{(p-1)(q-1)}{p-2}$.

Moree② 证明了命题 11:

命题 11　设 ρ,σ 是使得 $pq+1=(\rho+1)p+(\sigma+1)q$ 的一对非负整数,显然这对非负整数是唯一的. 若 $qr>\tau$,其中 $\tau=(p-1)\cdot(q+r-1)$,则

$$-\min(\rho,\sigma)-1\leqslant c(pqr,k)\leqslant\min(q-\rho,p-\sigma)-1$$

推论 2　若 $q\equiv-2(\mathrm{mod}\ p)$ 或 $q\equiv 2(\mathrm{mod}\ p)$,且 $q>p+2$,则有

$$C(pqr)\leqslant\frac{p+1}{2}$$

证明　设 $\tau=(p-1)(q+r-1)$,易知 $qr>\tau$. 根据命题 11 结论 $c(pqr,k)\leqslant\min(q-\rho,p-\sigma)-1$ 知 $c(pqr,k)\leqslant p-\sigma-1$.

---

① MOREE P. Inverse cyclotomic polynomials[J]. Journal of Number Theory., 2009(129):667-680.

② GALLOT Y, MOREE P. Ternary cyclotomic polynomials having a large coefficient[J]. J. Reine Angew. Math. 2009(632):105-125.

又由 $pq+1=(\rho+1)p+(\sigma+1)q$ 可知

$$\sigma=\begin{cases}\dfrac{p-3}{2}, q\equiv -2(\bmod p)\\ \dfrac{p-1}{2}, q\equiv 2(\bmod p)\end{cases}$$

那么 $C(pqr)\leqslant\dfrac{p+1}{2}$.

2009 年,Moree[①] 给出了三阶逆分圆多项式的如下算术性质:

命题 12　设 $p<q<r$ 均为奇素数,$r<\dfrac{(p-1)(q-1)}{p-2}$. 设 $q\equiv -1(\bmod p)$,$r\equiv -1(\bmod p)$,则

$$V_{pqr}=\{-(p-1),-(p-2),\cdots,p-2,p-1\}$$

$$c(pqr,i)=\begin{cases}-1-m, & 0\leqslant m\leqslant p-2, i=mr\\ 0, & i=2\\ m+1, & 0\leqslant m\leqslant p-2, i=(m+q)r\end{cases}$$

命题 13　设 $p<q<r$ 均为奇素数,$r<\dfrac{(p-1)(q-1)}{p-2}$. 设 $q\equiv 1(\bmod p)$,$r\equiv 1(\bmod p)$,则

$$V_{pqr}=\{-(p-1),-(p-2),\cdots,p-2,p-1\}$$

$$c(pqr,i)=\begin{cases}m+1, & 0\leqslant m\leqslant p-2, i=mr\\ 0, & i=2\\ -1-m, & 0\leqslant m\leqslant p-2, i=(m+q)r\end{cases}$$

设 $3<q<r$ 均为素数,利用 Moree[①] 的证明方法我们将给出关于 $\Psi_{3qr}(x)$ 的算术性质. 在给出定理之前,需要给出一些标记,以便阐述定理.

$$[a,b;d]=\{a,a+d,a+2d,\cdots,a+(n-1)d,a+nd\}$$

其中 $b=a+nd$. 根据上述定义可知 $[a,b;d]$ 是一个集合,其包含的元素是一个等差数列,第一项是 a,最后一项是 b,公差是 d.

设 A 是一个集合,且 $A=[a,b;3]$.

如下定义 $r+A$

$$r+A=\{a+r,p+3+r,p+6+r,\cdots,q-6+r,q-3+r,q+r\}$$

① MOREE P. Inverse cyclotomic polynomials[J]. Journal of Number Theory., 2009(129):667-680.

下面给出关于 $\Psi_{3qr}(x)$ 的算术性质：

定理3　设 $3<q<r$ 均为素数，其中 $q\equiv 1(\bmod 3)$.

(1) 设 $r\equiv 1(\bmod 3), r+1\leqslant 2p-3$，则

$$C(3qr,i)=\begin{cases}2, i\in A\\ -2, i\in qr+A\\ 1, i\in B\cup(qr+C)\\ -1, i\in(qr+B)\cup C\\ 0,\text{其他}\end{cases}$$

其中

$$A=[r+1,2q-3;3]\cup[2r+1,2q+r-3;3]$$

$$B=[1,q-3;3]\cup[q+1,r-2;3]\cup[2q,q+r-3;3]\cup[q+r+1,2r-2;3]\cup[2q+r,q+2r-3;3]\cup[q+2r+1,2q+2r-3;3]$$

$$C=[0,2q-2;3]\cup[r,2q+r-2;3]\cup[2r,2q+2r-2;3]$$

(2) 设 $r\equiv 1(\bmod 3), r+1>2p-3$ 或 $r\equiv 2(\bmod 3), r>2p-3$，则

$$C(3qr,i)=\begin{cases}1, i\in B\cup C\cup(qr+A)\\ -1, i\in A\cup(qr+B)\cup(qr+C)\\ 0,\text{其他}\end{cases}$$

其中

$$A=[0,2q-2;3]\cup[r,2q+r-2;3]\cup[2r,q+2r-1;3]$$

$$B=[1,q-3;3]\cup[1+r,q+r-3;3]\cup[1+2r,q+2r-3;3]$$

$$C=[q+1,2q-3;3]\cup[q+r+1,2q-3;3]\cup[q+2r+1,2q+2r-3;3]$$

(3) 设 $r\equiv 2(\bmod 3), r\leqslant 2p-3$，则

$$C(3qr,i)=\begin{cases}1, i\in(qr+(A-G))\cup(B\cup C)-G\\ -1, i\in(A-G)\cup(qr+(B\cup C))\cup-(qr+G)\\ 0,\text{其他}\end{cases}$$

其中

$$A=[0,2q-2;3]\cup[r,2q+r-2;3]\cup[2r,q+2r-2;3]$$

$$B=[1,q-3;3]\cup[1+r,q+r-3;3]\cup[1+2r,q+2r-3;3]$$

$$C=[q+1,2q-3;3]\cup[q+r+1,2q-3;3]\cup[q+2r+1,2q+2r-3;3]$$

$$D=[r,2q-3;3]\cup[2r,2q+r-3;3]$$
$$E=[r+1,2q-2;3]\cup[2r+1,2q+r-2;3]$$
$$G=D\cup E$$

定理 4　令 $3<q<r$ 均为素数且 $q\equiv 2(\bmod 3)$.

(1) 设 $r\equiv 2(\bmod 3)$, $r\leqslant 2p-2$, 则

$$C(3qr,i)=\begin{cases}-2, & i\in A\\ 2, & i\in qr+A\\ -1, & i\in B\cup(qr+C)\\ 1, & i\in(qr+B)\cup C\\ 0, & \text{其他}\end{cases}$$

其中

$$A=[r,2q-2;3]\cup[2r,2q+r-2;3]$$
$$B=[0,q-2;3]\cup[q,r-3;3]\cup[q+r+1,2q-2;3]\cup$$
$$[q+r,2r-3;3]\cup[q+2r+1,2q+r-2;3]\cup$$
$$[q+2r,2q+2r-2;3]$$
$$C=[1,2q-3;3]\cup[r+1,2q+r-3;3]\cup$$
$$[2r+1,2q+2r-3;3]$$

(2) 设 $r\equiv 2(\bmod 3)$, $r>2p-2$, 或 $r\equiv 1(\bmod 3)$, $r>2p-3$, 则

$$C(3qr,i)=\begin{cases}-1, & i\in A\cup B\cup(qr+C)\\ 1, & i\in(qr+A)\cup(qr+B)\cup C\\ 0, & \text{其他}\end{cases}$$

其中

$$A=[r,2q-2;3]\cup[2r,2q+r-2;3]$$
$$B=[0,q-2;3]\cup[q,r-3;3]\cup[q+r+1,2q-2;3]\cup$$
$$[q+r,2r-3;3]\cup[q+2r+1,2q+r-2;3]\cup$$
$$[q+2r,2q+2r-2;3]$$
$$C=[1,2q-3;3]\cup[r+1,2q+r-3;3]\cup$$
$$[2r+1,2q+2r-3;3]$$

(3) 设 $r\equiv 1(\bmod 3)$, $r\leqslant 2p-3$, 则

$$C(3qr,i)=\begin{cases}-1, & i\in A\cup B\cup(qr+(C-F))-F\\ 1, & i\in(qr+A)\cup(qr+B)\cup(C-F)-(qr+F)\\ 0, & \text{其他}\end{cases}$$

其中

$$A=[r,2q-2;3]\cup[2r,2q+r-2;3]$$

$$B=[1,r-2;3]\cup[2q,q+r+3;3]\cup[q+r+1,2r-2;3]\cup$$
$$[2q+r+1,q+2r-3;3]\cup[q+2r+1,2q+2r-3;3]$$

$$C=[0,2q-2;3]\cup[r,2q+r-2;3]\cup[2r+3,q+2r-2;3]\cup$$
$$[q+2r+1,2q+2r-2;3]$$

$$D=[r+1,2q-2;3]$$

$$E=[r,2q-3;3]$$

$$F=D\cup(r+D)\cup E\cup(r+E)$$

6.3　基础知识

易知 $\Phi_p(x)=x^{p-1}+\cdots+x+1$,其中 p 为素数.

Lam,Leung① 和 Thangadurai② 给出了 $\Phi_{pq}(x)$ 的表达式:

引理1　设 $p<q$ 均为奇素数,$\Phi_{pq}(x)=\sum\limits_{i=0}^{\phi(pq)}a(pq,i)x^i$,那么有且仅有一对整数 $1\leqslant t<q-2,1\leqslant s<p-2$ 使得 $pq+1=p(t+1)+q(s+1)$. 可知

(1) 二阶分圆多项式 $\Phi_{pq}(x)$ 可表述为

$$\Phi_{pq}(x)=\sum_{i=0}^{t}x^{ip}\sum_{j=0}^{s}x^{jq}-x^{-pq}\sum_{i=t+1}^{q-1}x^{ip}\sum_{j=s+1}^{p-1}x^{jq} \tag{1}$$

(2) 由 $0\leqslant i\leqslant(p-1)(q-1)$,知

$$a(pq,i)=\begin{cases}1, & i=up+vq,\text{其中 }0\leqslant u\leqslant t,0\leqslant v\leqslant s\\ -1, & i=up+vq+1,\text{其中 }0\leqslant u\leqslant q-t-2,\\ & \qquad 0\leqslant v\leqslant p-s-2\\ 0, & \text{其他}\end{cases}$$

证明　可知存在非负整 t,s,使得 $\phi(pq)=(p-1)(q-1)$ 可表示为 $tp+sq$,即 $(p-1)(q-1)=tp+sq$,其中 $1<t\leqslant q-2,1<s\leqslant p-2$. 并且非负整数 r,t 是唯一的.

---

① LAM T Y, LEUNG K H. On the cyclotomic polynomial $\Phi_{pq}(X)$[J]. Amer. Math. Monthly., 1996(103):562-564.

② THANGADURAI R. On the coefficients of cyclotomic polynomials, in: Cyclotomic Fields and Related Topics, Pune, 1999, Bhaskaracharya Pratishthana, Pune(200), 311-322.

下面开始证明

$$\Phi_{pq}(x)=\sum_{i=0}^{t-1}x^{ip}\sum_{j=0}^{s-1}x^{jq}-x^{-pq}\sum_{i=t}^{q-1}x^{ip}\sum_{j=s}^{p-1}x^{jq}$$

设 $\zeta=\mathrm{e}^{\frac{2\mathrm{i}\pi}{pq}}$ 是 pq 次本原单位根，那么有 $\zeta^p=\mathrm{e}^{\frac{2\pi\mathrm{i}}{p}}$，$\zeta^q=\mathrm{e}^{\frac{2\mathrm{i}\pi}{q}}$，且可知 $\Phi_p(\zeta^q)=\Phi_q(\zeta^p)=0$，即有

$$\sum_{i=0}^{p-1}(\zeta^q)^i=0=\sum_{j=0}^{q-1}(\zeta^p)^j$$

因此，$\sum\limits_{i=0}^{t}(\zeta^p)^i=-\sum\limits_{i=t+1}^{q-1}(\zeta^p)^i$ 且 $\sum\limits_{j=0}^{s}(\zeta^q)^j=-\sum\limits_{j=s+1}^{q-1}(\zeta^q)^j$. 将上述两个等式左右两边相乘得

$$\left(\sum_{i=0}^{t}(\zeta^p)^i\right)\left(\sum_{j=0}^{s}(\zeta^q)^j\right)-\left(\sum_{i=t+1}^{q-1}(\zeta^p)^i\right)\left(\sum_{j=s+1}^{q-1}(\zeta^q)^j\right)=0$$

那么 ζ 是多项式 $f(x)$ 的根，其中

$$f(x)=\left(\sum_{i=0}^{t}x^{pi}\right)\left(\sum_{j=0}^{s}x^{qj}\right)-\left(\sum_{i=t+1}^{q-1}x^{pi}\right)\left(\sum_{j=s+1}^{q-1}x^{qj}\right)x^{-pq}\tag{2}$$

因此可知 $tp+sq=(p-1)(q-1)$，多项式(2)的第一部分因式是首一且次数为 $(p-1)(q-1)$ 的多项式. 多项式(2)的第二部分因式的多项式次数最低项的次数为

$$(t+1)p+(s+1)q-pq=tp+sq+p+q-pq=1$$

次数最高项的次数为

$$(q-1)p+(p-1)q-pq=(p-1)(q-1)-1$$

因此等式(2)的第二部分因式为首一且次数为 $(p-1)(q-1)-1$ 的多项式. 故而可知 $f(x)\in\mathbf{Z}[x]$ 是首一且次数为 $(p-1)(q-1)=\phi(pq)$ 的多项式. 而且知 $f(\zeta)=0$. 若 ζ_1 是另一个 pq 次本原单位，那么有 $f(\zeta_1)=0$. 因此可知 $f(x)$ 是首一且 $\phi(pq)$ 次多项式，且对任意整数 m 有 $f(\mathrm{e}^{\frac{2\mathrm{i}\pi m}{pq}})=0$，其中 $(m,pq)=1$，那么可知 $f(x)=\Phi_{pq}(x)$.

设 $i,i_1\in[0,q-1]$，$j,j_1\in[0,p-1]$，且 $ip+jq=i_1p+j_1q$ 或者 $ip+jq=i_1p+j_1q-pq$，那么有 $q\mid(i-i_1)$ 且 $p\mid(j-j_1)$. 据此易知 $i=i_1$，$j=j_1$.

最后我们只要展开多项式(2)化简，并由上述结论则可知引理1(2).

我们可以将引理1中的式(1)作如下化简

$$\Phi_{pq}(x)=\sum_{i=0}^{t-1}x^{ip}\sum_{j=0}^{s-1}x^{jq}-x\sum_{i=0}^{q-1-t}x^{ip}\sum_{j=0}^{p-1-s}x^{jq}\tag{3}$$

根据逆分圆多项式定义易知

$$\Psi_1(x)=1,\Psi_p(x)=-1+x$$

$$\Psi_{pq}(x)=(1+x+x^2+\cdots+x^{p-1})(x^q-1) \tag{4}$$

一般地,我们易知 $x^n-1=\prod_{d\mid n}\Phi_d(x)$,故可推出

$$\Psi_n(x)=\frac{x^n-1}{\Phi_n(x)}=\prod_{\substack{d\mid n\\ d<n}}\Phi_d(x)$$

2009 年,Moree[①] 给出了以下两个关于逆分圆多项式的引理:

引理 2　设 $n>1$,则

$$\Psi_n(x)=-\prod_{\substack{d\mid n\\ d<n}}(1-x^d)^{-\mu\left(\frac{n}{d}\right)}$$

证明　首先根据麦比乌斯反演公式可知

$$\Phi_n(x)=\prod_{d\mid n}(x^d-1)^{\mu\left(\frac{n}{d}\right)}$$

易知

$$\sum_{d\mid n}\mu\left(\frac{n}{d}\right)=0$$

那么

$$\Phi_n(x)=\prod_{d\mid n}(1-x^d)^{\mu\left(\frac{n}{d}\right)}$$

这样由

$$\Psi_n(x)=\frac{x^n-1}{\Phi_n(x)}=\prod_{\substack{d\mid n\\ d<n}}\Phi_d(x)$$

可知引理结论成立.

类似命题 2 的证明,运用引理 2 的结论,我们可知引理 3.

引理 3　设 $n>1$,p 为奇素数,则有:

(1) $\Psi_{pn}(x)=\Psi_n(x^p)$,如果 $p\mid n$.

(2) $\Psi_{pn}(x)=\Psi_n(x^p)\Phi_n(x)$,如果 $p\nmid n$.

由引理 3(2) 可知 $\Psi_{pqr}(x)=\Phi_{pq}(x)\Psi_{pq}(x^r)$.

---

① MOREE P. Inverse cyclotomic polynomials[J]. Journal of Number Theory., 2009(129):667-680.

令 $\Phi_{pq}(x)(1+x^r+\cdots+x^{(p-1)r})=\sum_{i=0}^{\tau}e(i)x^i$,其中 $\tau=(p-1)(r+q-1)$.

显然 $i<0$ 或 $i>\tau$ 时,$e(i)=0$.

引理 4 设 $p<q<r$ 均为奇素数,且 $\tau=(p-1)(r+q-1)$.

若 $k<qr$,$c(pqr,k)=-e(k)=-\sum_{j=0}^{\left[\frac{k}{r}\right]}a(pq,k-jr)$.

若 $k>\tau$,$c(pqr,k)=e(k-qr)=\sum_{j=0}^{\left[\frac{k}{r}\right]-q}a(pq,k-(q+j)r)$.

若 $qr\leqslant k\leqslant\tau$,$c(pqr,k)=-e(k)+e(k-qr)=-\sum_{j=0}^{\left[\frac{k}{r}\right]}a(pq,k-jr)+\sum_{j=0}^{\left[\frac{k}{r}\right]-q}a(pq,k-(q+j)r)$.

若 $qr>\tau$,$c(pqr,k)=c(pqr,\tau-k)$.

若 $\tau<k<qr$,$c(pqr,k)=0$.

由引理 1 和引理 4 可知推论 3:

推论 3 设 $p<q<r$ 均为奇素数. 若 $0\leqslant k<r$,则

$$c(pqr,k)=-a(pq,k)\in\{-1,0,1\}$$

设 $p<q<r$ 均为奇素数,令

$$\Phi_{pqr}(x)=\sum_{n=0}^{\phi(pqr)}a(pqr,n)x^n$$

根据命题 2 与引理 3 可知如下等式

$$(1-x^{pq})\Phi_{pqr}(x)=(1+x+\cdots+x^{p-1}-x^q-\cdots-x^{q+p-1})\Phi_{pq}(x^r) \quad (5)$$

Kaplan① 运用等式(5)的性质证明了如下两个引理:

引理 5 设 $p<q<r$ 均为奇素数,n 为非负整数且 $0\leqslant n\leqslant\phi(pqr)$. 令

$$a^*(pq,i)=\begin{cases}a(pq,i) & ,ri\leqslant n\\0 & ,\text{其他}\end{cases}$$

则

$$a(pqr,n)=\sum_{i=0}^{p-1}a^*(pq,f(i))-\sum_{j=q}^{q+p-1}a^*(pq,f(j))$$

其中 $f(i)$ 满足条件:$0\leqslant f(i)<pq$,$rf(i)+i\equiv n(\bmod pq)$,显然 $f(i)$ 是唯一的.

---

① KAPLAN N. Flat cyclotomic polynomials of order three[J]. J. Number Theory., 2007(127):118-126.

证明　由引理3可知

$$\Phi_{pqr}(x)=\frac{\Phi_{pq}(x^r)}{\Phi_{pq}(x)}=\frac{\Phi_{pq}(x^r)\Phi_1(x)\Phi_p(x)\Phi_q(x)}{x^{pq}-1}$$

我们可以将$\frac{1}{x^{pq}-1}$幂级数展开

$$\frac{1}{x^{pq}-1}=-(1+x^{pq}+x^{2pq}+\cdots)$$

那么

$$\Phi_{pqr}(x)=(1+x^{pq}+x^{2pq}+\cdots)\cdot$$
$$(1+x+\cdots+x^{p-1}-x^q-x^{q+1}-\cdots-x^{q+p+1})\Phi_{pq}(x)$$

令

$$g(x)=(1-x^{pq})\Phi_{pqr}(x)$$
$$=(1+x+\cdots+x^{p-1}-x^q-x^{q+1}-\cdots-x^{q+p+1})\Phi_{pq}(x)$$

我们将可知 $g(x)$ 的指数均有模 pq 余 n.

首先如下定义χ_m

$$\chi_m=\begin{cases}1, m\in[0,p-1]\\-1, m\in[q,q+p-1]\\0,\text{其他}\end{cases}$$

由 $rf(m)\equiv n-m(\bmod pq)$,知$\chi_m x^m a(pq,f(m))x^{rf(m)}$ 是多项式 $g(x)$ 的一项,且其指数 $n(\bmod pq)$. 我们又易知 $\Phi_{pq}(x)$ 的次数为 $\phi(pq)=(p-1)(q-1)$. 若 $m\in[0,pq-1]$,那么 $g(x)$ 的所有项的指数均有 $n(\bmod pq)$.

这样我们可以重新表述 $\Phi_{pqr}(x)$ 的系数. 当求 $a(pqr,n)$ 时,我们只需将次数最多为 n 的项相加后求解. $m<pq$ 且 $rf(m)\equiv n-m(\bmod pq)$,那么

$$rf(m)\leqslant n,\text{当且仅当 } m+rf(m)\leqslant n$$

所以

$$a(pqr,n)=\sum_{m\geqslant 0}\chi_m a^*(pq,f(m))$$
$$=\sum_{m=0}^{p-1}a^*(pq,f(m))-\sum_{m=q}^{q+p-1}a^*(pq,f(m))$$

引理6　设$p<q<r$均为奇素数,n为非负整数,$f(i)$是唯一满足下述条件的整数:$rf(i)+i\equiv n(\bmod pq)$,$0\leqslant f(i)<pq$,则

$$\sum_{i=0}^{p-1}a(pq,f(i))=\sum_{j=q}^{q+p-1}a(pq,f(j))$$

证明 对给定 n,我们可知 $f(i)\in[0,pq]$,且是满足 $rf(i)\equiv n-i\pmod{pq}$ 的唯一整数,有

$$a(pqr,n)=\sum_{i=0}^{p-1}a^*(pq,f(i))-\sum_{j=q}^{q+p-1}a^*(pq,f(j))$$

下面如同引理 5 的证明.

令

$$\begin{aligned}g(x)&=(1-x^{pq})\Phi_{pqr}(x)\\&=(1+x+\cdots+x^{p-1}-x^{q}-x^{q+1}-\cdots-x^{q+p+1})\Phi_{pq}(x)\end{aligned}$$

显然,$g(x)$ 的次数为

$$r(p-1)(q-1)+p+q-1=(r-1)(p-1)(q-1)+pq$$

那么对 $n>\deg(\Phi_{pqr}(x))=(p-1)(q-1)(r-1)$,均有 $a(pqr,n)=0$. 易知若 $a(pq,i)\neq 0$ 可知 $i\leqslant(p-1)(q-1)$,对 $n\geqslant r(p-1)(q-1)$,所以对所有的 i 有 $a(pq,i)=a^*(pq,i)$.

据此可得

$$\sum_{i=0}^{p-1}a(pq,f(i))=\sum_{j=q}^{q+p-1}a(pq,f(j))$$

引理 7 设 $p<q<r$ 均为素数,则

$$\Psi_{pqr}(x)=\Phi_{pq}(x)\Psi_{pq}(x^{r})\tag{6}$$

证明 由于 $p<q<r$ 均为素数,因此知 $r\nmid pq$.

由引理 3(2) 可得

$$\Psi_{pqr}(x)=\Phi_{pq}(x)\Psi_{pq}(x^{r})$$

第7章

分圆单位系的独立性[①]

命 m 为大于或等于5的整数及 $\zeta_m = e^{2\pi i/m}$，命 $\mathbf{R}$ 为有理数域，则由狄利克雷单位定理可知 $\varphi(m)$ 次分圆域 $\mathbf{R}(\zeta_m)$ 的独立单位的最大个数是 $r = \frac{\varphi(m)}{2} - 1$.

首先引入下面的引理.

引理 1

$$\prod_{\substack{0 \leqslant h \leqslant m-1 \\ (h,m)=1}} 2\sin\frac{\pi h}{m} = \begin{cases} p\text{，当 } m = p^l\text{，此处 } p \text{ 为素数} \\ 1\text{，其他情形} \end{cases} \tag{1}$$

证明 习知

$$\prod_{h=0}^{m-1} 2\sin\left(\frac{h\pi}{m} + \theta\right) = 2\sin m\theta \tag{2}$$

则得

$$\ln \prod_{\substack{h=0 \\ (h,m)=1}}^{m-1} 2\sin\left(\frac{h\pi}{m} + \theta\right) = \sum_{h=0}^{m-1} \ln\left(2\sin\left(\frac{\pi h}{m} + \theta\right)\right) \sum_{d \mid (h,m)} \mu d$$

$$= \sum_{d \mid n} \mu(d) \sum_{h=0}^{\frac{m}{d}-1} \ln\left(2\sin\left(\frac{hd\pi}{m} + \theta\right)\right)$$

$$= \sum_{d \mid n} \mu(d) \ln 2\sin\frac{m\theta}{d}$$

$$= \ln \prod_{d \mid m} \left(\sin\frac{m\theta}{d}\right)^{\mu(d)}$$

命 $\theta \to 0$ 即得引理.

这表明，当 m 有大于或等于2个不同的素因子时

① 摘自《数学学报》第23卷第5期，1980年9月.

$$1-e^{2\pi ih/m},(h,m)=1,2\leqslant h<m/2 \tag{3}$$

都是 $\mathbf{R}(\zeta_m)$ 的单位,称为分圆单位系.

但(3) 是不是 $\mathbf{R}(\zeta_m)$ 的独立单位系呢? Ramachandra① 首先举出反例说明对于某些 m,(3) 不是独立的,中国科学院应用数学研究所的裴定一、中国科技大学的冯克勤两位研究员 1980 年进一步证明了(3) 是独立单位系的充要条件(见定理 1、定理 2),特别由此推出对于几乎所有的 m,(3) 都不是独立的.

以下均假定 m 有大于或等于 2 个不同的素因子. 以 $\mathbf{Z}_m^*$ 表示 mod m 的缩剩余系构成的乘法群,将 h 与 $-h$ 等同起来,就得到 $\mathbf{Z}_m^*$ 关于 $\{\pm 1\}$ 的商群

$$\mathbf{Z}_m^*/\{\pm 1\}=\{h_1,\cdots,h_{r+1}\}$$

$\mathbf{Z}_m^*/\{\pm 1\}$ 为 $r+1$ 阶阿贝尔群,它有 $r+1$ 个特征,它们恰好是由 $\mathbf{Z}_m^*$ 的 $r+1$ 个满足 $\chi(-1)=1$ 的特征所诱导出来的,记为

$$\{\chi_1,\cdots,\chi_{r+1}\}$$

有如下的关系

$$\sum_{j=1}^{r+1}\overline{\chi_k(h_j)}\chi_l(h_i)=\begin{cases}r+1, & k=l\\ 0, & k\neq l\end{cases} \tag{4}$$

命

$$\boldsymbol{C}=(c_{ij})=\left(\ln\left|2\sin\frac{\pi h_i h_j^*}{m}\right|\right)_{1\leqslant i,j\leqslant r+1} \tag{5}$$

这里 h_j^* 表示 h_j 在 $\mathbf{Z}_m^*/\{\pm 1\}$ 中的逆,及

$$\boldsymbol{P}=(\overline{\chi}_j(h_i))_{1\leqslant i,j\leqslant r+1} \tag{6}$$

则由(1) 可知

$$\boldsymbol{P}^{-1}=\frac{1}{r+1}(\chi_i(h_j))_{1\leqslant i,j\leqslant r+1}$$

命

$$\boldsymbol{P}^{-1}\boldsymbol{CP}=\boldsymbol{D}=(d_{ij})_{1\leqslant i,j\leqslant r+1} \tag{7}$$

则

$$d_{ij}=\frac{1}{r+1}\sum_{k,l=1}^{r+1}\chi_i(h_k)\ln\left|2\sin\frac{\pi h_k h_l^*}{m}\right|\overline{\chi}_j(h_l)$$

---

① RAMACHANDRA K. On the units of cyclotomic fields[J]. Acta Arith., 1966/67(12):165-173.

$$= \frac{1}{r+1} \sum_{k=1}^{r+1} \chi_i(h_k)\overline{\chi}_j(h_k) \sum_{l=1}^{r+1} \overline{\chi}_j(h_k^* h_l) \ln \left| 2\sin \frac{\pi h_k h_l^*}{m} \right|$$

$$= \delta_{ij} \sum_{l=1}^{r+1} \chi_j(h_l) \ln \left| 2\sin \frac{\pi h_l}{m} \right|$$

$$= \frac{\delta_{ij}}{2} \sum_{\substack{a=1 \\ (a,m)=1}}^{m} \chi_j(a) \ln \left| 2\sin \frac{\pi a}{m} \right|$$

此处 δ_{ij} 表示克罗内克(Kronecker)符号,这表明矩阵 $\boldsymbol{C}$ 的 $r+1$ 个特征根为

$$R_i = \frac{1}{2} \sum_{(a,m)=1} \chi_i(a) \ln \left| 2\sin \frac{\pi a}{m} \right|, 1 \leqslant i \leqslant r+1 \tag{8}$$

特别当 χ_{r+1} 为主特征时,则由(1)得

$$R_{r+1} = \frac{1}{2} \sum_{(a,m)=1} \ln \left| 2\sin \frac{\pi a}{m} \right| = 0 \tag{9}$$

因此零是 $\boldsymbol{C}$ 的一个特征根.

命 C_{ij} 表示 c_{ij} 关于 $\boldsymbol{C}$ 的代数余子式,由于 $\boldsymbol{C}$ 的每个行和与每个列和都是零,所以 $(r+1)^2$ 个数 $C_{ij}(1 \leqslant i, j \leqslant r+1)$ 都彼此相等,特别有

$$C_{11} = C_{22} = \cdots = C_{r+1,r+1} \tag{10}$$

记 $\boldsymbol{C}$ 的特征多项式为

$$\det(x\boldsymbol{I} - \boldsymbol{C}) = x^{r+1} + c_1 x^r + \cdots + c_r x + c_{r+1} \tag{11}$$

则

$$c_{r+1} = (-1)^{r+1} R_1 \cdots R_{r+1} = 0$$

$$c_r = (-1)^r (C_{11} + \cdots + C_{r+1,r+1}) = (-1)^r (r+1) C_{11} \tag{12}$$

由定义 $C_{11} \neq 0$ 即表示(3)为 $\mathbf{R}(\zeta_m)$ 的最大独立单位系,故得

定理1　式(3)是 $\mathbf{R}(\zeta_m)$ 的最大独立单位系的充要条件为零是 $\boldsymbol{C}$ 的单特征根,或对于每个满足 $\chi(-1)=1$ 的 mod m 的非主特征 χ 皆有

$$R_\chi = \sum_{(a,m)=1} \chi(a) \ln \left| 2\sin \frac{\pi a}{m} \right| \neq 0$$

以下命 $p_1, p_2, \cdots$ 为互异的素数.

引理2　命 $m = p_1^{l_1} \cdots p_s^{l_s}$ 及 $d = p_1^{l_1'} \cdots p_s^{l_s'}$,此处 $l_i \geqslant 1$ 及 $0 \leqslant l_i' \leqslant l_i (1 \leqslant i \leqslant s)$,命 χ 为 mod m 的特征,mod d 的原特征,且 $\chi(-1)=1$,则

$$R_\chi = \sum_{(a,m)=1} \chi(a) \ln \left| 2\sin \frac{\pi a}{m} \right|$$

$$= \prod_{\substack{p \mid m \\ p \nmid d}} (1 - \chi(p)) \sum_{\substack{a=1 \\ (a,d)=1}}^{d} \chi(a) \ln \left| 2\sin \frac{\pi a}{m} \right|$$

证明 首先,假定 $m = dd'$ 及 $l_i' > 0(1 \leqslant i \leqslant s)$,则

$$R_\chi = \sum_{a_1=0}^{d'-1} \sum_{(a_2,d)=1} \chi(a_1 d + a_2) \ln \left| 2\sin \frac{\pi(a_1 d + a_2)}{m} \right|$$

$$= \sum_{(a_2,d)=1} \chi(a_2) \sum_{a_1=0}^{d'-1} \ln \left| 2\sin \pi\left(\frac{a_1}{d'} + \frac{a_2}{m}\right) \right|$$

$$= \sum_{(a,d)=1} \chi(a) \ln \left| 2\sin \frac{\pi a}{d} \right| \tag{13}$$

其次,假定 $m = m_1 m_2, m_1 = p_1^{l_1} \cdots p_j^{l_j}$ 及 $m_2 = p_{j+1}^{l_{j+1}} \cdots p_s^{l_s}, 1 \leqslant j \leqslant s$,又假定 $d \mid m_2$,且 d 与 m_2 有同样多的素因子,则 χ 也是 mod m_2 的特征,所以

$$R_\chi = \sum_{(a_1,m_1)=1} \sum_{(a_2,m_2)} \chi(a_1 m_2 + a_2 m_1) \ln \left| 2\sin \frac{\pi(a_1 m_2 + a_2 m_1)}{m} \right|$$

$$= \sum_{(a_2,m_2)} \chi(a_2 m_1) \sum_{a_1=0}^{m_1-1} \ln \left| 2\sin \pi\left(\frac{a_1}{m_1} + \frac{a_2}{m_2}\right) \right| \sum_{k \mid (a_1,m_1)} \mu(k)$$

$$= \sum_{(a_2,m_2)=1} \chi(a_2 m_1) \sum_{k \mid m_1} \mu(k) \sum_{l=0}^{m_1/k-1} \ln \left| 2\sin \pi\left(\frac{lk}{m_1} + \frac{a_2}{m_2}\right) \right|$$

利用(13)得

$$R_\chi = \sum_{(a_2,m_2)=1} \chi(a_2 m_1) \sum_{k \mid m_1} \mu(k) \ln \left| 2\sin \frac{\pi a_2 m_1}{k m_2} \right|$$

$$= \sum_{k \mid m_1} \mu(k) \chi(k) \sum_{(a_2,m_2)=1} \chi\left(\frac{a_2 m_1}{k}\right) \ln \left| 2\sin \frac{\pi a_2 m_1}{k m_2} \right|$$

$$= \prod_{\substack{p \mid m \\ p \nmid d}} (1 - \chi(p)) \sum_{(a,d)=1} \chi(a) \ln \left| 2\sin \frac{\pi a}{d} \right|$$

引理 2 得证.

定理2 命 $m = p_1^{l_1} \cdots p_s^{l_s} (s \geqslant 2)$,则(3)是 $\mathbf{R}(\zeta_m)$ 的最大独立单位系的充要条件为对于每一 $i(1 \leqslant i \leqslant s)$,$\mathbf{Z}^*_{m/p_i^{l_i}}$ 均可以由 -1 与 p_i 生成,记为

$$\mathbf{Z}^*_{m/p_i^{l_i}} = \langle -1, p_i \rangle, 1 \leqslant i \leqslant s \tag{14}$$

证明 (1)假定(14)成立. 命 χ 为 mod m 的任一适合于 $\chi(-1) = 1$ 的非主特征,假定 χ 为 mod d 的原特征,则 $d = p_1^{l'_1} \cdots p_s^{l'_s}$,此处 $0 \leqslant l'_i \leqslant l_i (1 \leqslant i \leqslant s)$,若 $l'_i > 0(1 \leqslant i \leqslant s)$,则由引理 2 可知

$$R_\chi=\sum_{(a,d)=1}\chi(a)\ln\left|2\sin\frac{\pi a}{d}\right|=-\sum_{(a,d)=1}\chi(a)e^{2\pi ia/d}$$

$$\sum_{n=1}^{\infty}\frac{\bar{\chi}(n)}{n}\neq 0\text{①}\tag{15}$$

若有某 $j(1\leqslant j\leqslant s)$，使 $l_1'=\cdots=l_j'=0,l_k'>0(j+1\leqslant k\leqslant s)$，则由引理2可知

$$R_\chi=\prod_{i=1}^{j}(1-\chi(p_i))\sum_{(a,d)=1}\chi(a)\ln\left|2\sin\frac{\pi a}{d}\right|\tag{16}$$

假若对于某 $i(1\leqslant i\leqslant j)$ 有 $\chi(p_i)=1$，又因 $\chi(-1)=1$，从而由(14)可知在 $\mathbf{Z}^*_{m/p_i^{l_i}}$ 上有 $\chi(n)=1$，由于 $d\mid m/p_i^{l_i}$，所以 χ 为 mod d 的主特征；故得矛盾. 因此 $\chi(p_i)\neq 1(1\leqslant i\leqslant j)$，故由(15)及(16)可知 $R_\chi\neq 0$，由定理1可知(3)是 $\mathbf{R}(\zeta_m)$ 的最大独立单位系.

(2) 假定(14)不成立，即存在某个 $i(1\leqslant i\leqslant s)$，使

$$\langle -1,p_i\rangle\neq\mathbf{Z}^*_{m/p_i^{l_i}}$$

命 $d=m/p_i^{l_i}$，则存在 mod $d^*(d^*/d)$ 的原特征 χ^*，使 $\chi^*(-1)=\chi^*(p_i)=1$，由引理2得到 $R_{\chi^*}=0$，因此(3)不是独立单位系.

由定理2立即得到下面两个推论：

推论1　假定 $m=p_1^{l_1}\cdots p_s^{l_s},s\geqslant 4,l_i\geqslant 1(1\leqslant i\leqslant s)$，则式(3)不是独立单位系.

证明　若 $2\mid m$，则命 $p_1=2$，从而 $p_2,\cdots,p_s$ 都是奇素数，当 $2\leqslant i\leqslant s$ 时，命 n_i 表 p_1 在 $\mathbf{Z}^*_{p_i^{l_i}}$ 中的阶，则

$$\begin{aligned}n&=[n_2,\cdots,n_s]\leqslant[\varphi(p_2^{l_2}),\cdots,\varphi(p_s^{l_s})]\\&=2\left[\frac{\varphi(p_2^{l_2})}{2},\cdots,\frac{\varphi(p_s^{l_s})}{2}\right]\leqslant 2^{-s+2}\varphi(p_2^{l_2})\cdots\varphi(p_s^{l_s})\end{aligned}$$

以 $|G|$ 表示群 G 的元素个数，由于 $s\geqslant 4$，所以

$$|\langle -1,p_1\rangle|\leqslant 2n<\varphi(p_2^{l_2})\cdots\varphi(p_s^{l_s})=|\mathbf{Z}^*_{m/p_1^{l_1}}|$$

从而 $\langle -1,p_1\rangle\neq\mathbf{Z}^*_{m/p_1^{l_1}}$，所以由定理2即得推论1.

类似地可以证明.

推论2　假定 $m=2^{l_0}p_1^{l_1}\cdots p_s^{l_s},s\geqslant 2,l_0\geqslant 3$，则式(3)不是独立单位系.

由推论1与推论2可知仅限于下面6种自然数 m，式(3)才可能是 $\mathbf{R}(\zeta_m)$

① 参阅华罗庚：《数论导引》，第七章，第九章.

的最大独立单位系

$$m = 2p_1^{l_1} \text{ 或 } 4p_1^{l_1}$$
$$m = 2^{l_0}p_1^{l_1}, l_0 \geqslant 3$$
$$m = p_1^{l_1}p_2^{l_2}$$
$$m = 2p_1^{l_1}p_2^{l_2}$$
$$m = 4p_1^{l_1}p_2^{l_2}$$
$$m = p_1^{l_1}p_2^{l_2}p_3^{l_3}$$

利用定理2对上述6种情况做进一步的讨论,可知当且仅当下述6个条件中有一条成立时,式(3)构成 $\mathbf{R}(\zeta_m)$ 的最大独立单位系:

①$m=2p_1^{l_1}$ 或 $4p_1^{l_1}$,2为 $\bmod p_1^{l_1}$ 的原根或2为 $\bmod p_1^{l_1}$ 的半原根且 $p_1 \equiv 3(\bmod 4)$(当 a 在 $\mathbf{Z}_{p^l}^*$ 中的次数为 $1/2\varphi(p^l)$ 时称 a 为 $\bmod p^l$ 的半原根).

②$m= 2^{l_0}p_1^{l_1}, l_0 \geqslant 3$,(i)2为 $\bmod p_1^{l_1}$ 的原根或2为 $\bmod p_1^{l_1}$ 的半原根且 $p_1 \equiv 3(\bmod 4)$,(ii)p_1 在 $\mathbf{Z}_{2^{l_0}}^*$ 中的阶为 2^{l_0-2} 且 $p_1^{2^{l_0-3}} \not\equiv -1(\bmod 2^{l_0})$.

③$m=p_1^{l_1}p_2^{l_2}$,当 $p_1 \equiv p_2 \equiv 3(\bmod 4)$ 时,p_1 是 $\bmod p_2^{l_2}$ 的原根而 p_2 是 $\bmod p_1^{l_1}$ 的半原根,或者 p_2 是 $\bmod p_1^{l_1}$ 的原根而 p_1 是 $\bmod p_2^{l_2}$ 的半原根;在其他情况下,p_1 是 $\bmod p_2^{l_2}$ 的原根而 p_2 是 $\bmod p_1^{l_1}$ 的原根.

④$m=2p_1^{l_1}p_2^{l_2}$,(i)$(p_1-1,p_2-1)=2$,(ii)如果 $p_1 \equiv p_2 \equiv p_3(\bmod 4)$,则2是 $\bmod p_1^{l_1}$ 的原根,$\bmod p_2^{l_2}$ 的半原根或2是 $\bmod p_1^{l_1}$ 的半原根,$\bmod p_2^{l_2}$ 的原根,p_1 是 $\bmod 2p_2^{l_2}$ 的原根及 p_2 是 $\bmod 2p_1^{l_1}$ 的半原根或 p_1 是 $\bmod 2p_2^{l_2}$ 的半原根及 p_2 是 $\bmod 2p_1^{l_1}$ 的原根. 如果 $p_1 \equiv 1(\bmod 4)$ 及 $p_2 \equiv 3(\bmod 4)$,则2是 $\bmod p_1^{l_1}$ 的原根,$\bmod p_2^{l_2}$ 的原根或半原根;p_1 是 $\bmod 2p_2^{l_2}$ 的原根及 p_2 是 $\bmod 2p_1^{l_1}$ 的原根,对于情况 $p_1 \equiv 3(\bmod 4)$ 及 $p_2 \equiv 1(\bmod 4)$ 结论是类似的.

⑤$m=4p_1^{l_1}p_2^{l_2}$,(i)$(p_1-1,p_2-1)=2$,(ii)如果 $p_1 \equiv 1(\bmod 4)$,$p_2 \equiv 3(\bmod 4)$,则 p_1 是 $\bmod p_2^{l_2}$ 的原根及 p_2 是 $\bmod p_1^{l_1}$ 的原根;2是$\bmod p_1^{l_1}$ 的原根,$\bmod p_2^{l_2}$ 的原根或半原根. 对于情况 $p_1 \equiv 3(\bmod 4)$,$p_2 \equiv 1(\bmod 4)$,结论是类似的.

⑥$m=p_1^{l_1}p_2^{l_2}p_3^{l_3}$,(i)$p_1 \equiv p_2 \equiv p_3 \equiv 3(\bmod 4)$ 及 $\frac{p_1-1}{2}$,$\frac{p_2-1}{2}$ 与 $\frac{p_3-1}{2}$ 是两两互素的,(ii)p_1,p_2 与 p_3 分别是 $\bmod p_2^{l_2}$,$\bmod p_3^{l_3}$ 与 $\bmod p_1^{l_1}$ 的原根,$\bmod p_3^{l_3}$,$\bmod p_1^{l_1}$,$\bmod p_2^{l_2}$ 的半原根或 p_1,p_2,p_3 分别是 $\bmod p_3^{l_3}$,$\bmod p_1^{l_1}$,$\bmod p_2^{l_2}$ 的原根,

mod $p_2^{l_2}$, mod $p_3^{l_3}$ 与 mod $p_1^{l_1}$ 的半原根.

附记　本文是在华罗庚教授指导下进行的,除完成本文的结果外,还找到了 $\mathbf{R}(\zeta_m)$ 的一组独立单位系. 之后,见到了相关文献①,得知这一组独立单位系在这篇文章中已有过,但对于单位系(3) 的研究,在这篇文章上并没有充分展开.

① RAMACHANDRA K. On the units of cyclotomic fields[J]. Acta Arith., 1966/67(12):165-173.

拟分圆多项式①

第8章

在本章中,我们考虑如下形式的多项式

$$f(x)=x^n-a_1x^{n-1}+\cdots+(-1)^na_n \tag{1}$$

其中 $a_i(i=1,\cdots,n)$ 是整数. 如果多项式 $f(x)$ 的所有根都位于复平面上半径为 r 的圆②上,并且这些根的辐角与 2π 可公度,则称多项式 $f(x)$ 为拟分圆. 换句话说,每个根等于 r 乘以一个单位根. 在 $r=1$ 的情况下,我们有熟悉的分圆多项式. 克罗内克③已经证明,分圆多项式是具有(1) 形式的唯一的多项式,它的根位于单位圆上. 对于 $r\neq 1$,拟分圆多项式不是根位于半径为 r 的圆上的唯一的多项式. 当 $f(x)$ 的根位于一个圆上时,对 $f(x)$ 的系数的进一步限制是使 $f(x)$ 拟分圆的充分必要条件.

我们将首先给出 $r=1$ 情况下的几个定理. 克罗内克将他的定理表述如下:

定理 1 如果 f 的所有根都在单位圆上,那么它们就是单位根.

根据这个定理,克罗内克推导出:

定理 1′ 如果 f 的所有根都是实数且绝对值不超过 2,那么每个根都是 2π 的有理数倍之余弦的 2 倍.

虽然克罗内克对定理 1 的证明没有留下什么值得期待的,但给出定理 1′ 的独立证明并从中推出定理 1 可能是有趣的.

克罗内克对定理 1 的证明极其简单,这大大增加了定理的趣味性. 我们对定理 1′ 的证明与克罗内克的证明有很大的不同. 我们试图使它尽可能简单,就像下面的定理一样.

---

① 本章作者:莱默(D. H. Lehmer).

② 本文中的所有圆都以原点为圆心.

③ Kronecker:Crelle's Journal 53, 173-175, Werke Ⅰ, 105-108. Netto: Vorlesungen über Algebra 1,357-358. Pólya and Szegö, Aufgaben und Lehrsätze, Ⅱ,149,368.

定理 1′ 的证明　设 m 是任意整数. 由恒等式

$$2\cos m\theta = (2\cos\theta)(2\cos(m-1)\theta) - 2\cos(m-2)\theta$$

遵循一个众所周知的事实

$$2\cos m\theta = V_m(2\cos\theta)$$

其中 $V_m(x)$ 是一个(1) 型的多项式.

现在假定定理 1′ 是错误的,则 $f(x)$ 有一个根

$$\rho_1 = 2\cos 2\pi\omega_1$$

其中 ω_1 是无理数. 令 $h(x)$ 是 $f(x)$ 的不可约[①]因子,满足 $h(\rho_1) = 0$,且令

$$\rho_v = 2\cos 2\pi\omega_v \quad (v = 2,3,\cdots,\mu)$$

为 $h(x) = 0$ 的其他根. 最后考虑积

$$I_m = \prod_{v=1}^{\mu} 2\cos 2\pi m\omega_v = \prod_{v=1}^{\mu} V_m(2\cos 2\pi\omega_v) = \prod_{v=1}^{\mu} V_m(\rho_v)$$

这个乘积是 $h(x)$ 的根的有理整对称函数,因此是整数,同样

$$|I_m| \leqslant 2^{\mu} |\cos 2\pi m\omega_1|$$

因为 ω_1 是无理数,我们可以选择 m,使 $m\omega_1$ 的分数部分,即

$$m\omega_1 - [m\omega_1]$$

任意接近$\frac{1}{4}$,如此接近事实上

$$|\cos 2\pi m\omega_1| < 2^{-\mu}$$

对于这样一个 m 的值,$|I_m| < 1$. 但 I_m 是一个整数. 因此 $I_m = 0$. 这意味着 I_m 的某个因子 $V_m(2\cos 2\pi\omega_v)$ 等于零,使得 $h(x)$ 与 $V_m(x)$ 有一个公共根. 因为 h 是不可约的,所以它的所有根都属于 V_m. 特别地

$$V_m(2\cos 2\pi\omega_1) = 2\cos 2\pi m\omega_1 = 0$$

但这与 ω_1 是无理数相矛盾.

定理 1 的证明　我们把 f 的根表示为

$$e^{i\theta_1}, e^{i\theta_2}, \cdots, e^{i\theta_n}$$

多项式

---

① 在本文中,"不可约"是指有理域. 由高斯(Gauss)引理,$h(x) = x^{\mu} + b_1x^{\mu-1} + \cdots + b_{\mu}$ 的系数 b_v 是整数.

(参见 Weber, Lehrbuch der Algebra vol. 1, p. 27(或 Serret, Cours d'Algèhre Supérieure(1885), vol. 1, p. 243.)

$$f_1(x)=\prod_{v=1}^{n}(x-(\mathrm{e}^{\mathrm{i}\theta_v}+\mathrm{e}^{-\mathrm{i}\theta_v}))$$

的系数是f的根的对称函数,因此是整数.它的根$2\cos\theta_v$的绝对值不超过2.因此,根据定理$1'$,θ_v是2π的有理数倍.故f的根是单位根.

定理2 令$f(x)$的根位于单位圆上.记每个根$\rho_v=\mathrm{e}^{2r\mathrm{i}\omega_v}$,我们进一步假设

$$\frac{1}{8}<|\omega_v|<\frac{3}{8} \tag{2}$$

因此$\omega_v=\pm\frac{1}{6}$,$\pm\frac{1}{4}$或$\pm\frac{1}{3}$,且$f(x)$具有形式

$$f(x)=(x^2+1)^a(x^2+x+1)^b(x^2-x+1)^c$$

证明 令$h(x)$是$f(x)$的任意不可约因子.根据定理1,h的根是单位根.令$\rho=\mathrm{e}^{2\pi\mathrm{i}k/m}$,其中$k$与$m$互素,且是$h(x)=0$的一个根.最后令

$$Q_m(x)=\prod_{v}(x-\mathrm{e}^{2\pi\mathrm{i}v/m})$$

(其中v取遍小于m的正整数,且与m互素)为x^m-1的不可约因子,其根为m次本原单位根.因此,因为h和Q_m是不可约的,并且有公共根ρ,所以$h(x)=Q_m(x)$.但是,对于$m\geqslant 8$,Q_m与h有根$\mathrm{e}^{2\pi\mathrm{i}/m}$,这与(2)的第一个不等式相矛盾.

对于$m=1$和2,Q_m的根是实的.因此m被简化为3,4,5,6或7.但是Q_5有根$\mathrm{e}^{2\pi\mathrm{i}2/5}$,$Q_7$有根$\mathrm{e}^{2\pi\mathrm{i}3/7}$,且

$$\frac{3}{7}>\frac{2}{5}>\frac{3}{8}$$

因此,对于$m=5$或7,这与(2)的第二个不等式相违背.故$m=3,4,6$是唯一可能的值,且

$$Q_4=x^2+1, Q_3=x^2+x+1, Q_6=x^2-x+1$$

作为定理2的一个类比,我们有如下定理.

定理$2'$ 令$f(x)$的所有根都是实数且绝对值小于$\sqrt{2}$,那么这些根必须是0或± 1,使得

$$f(x)=x^a(x-1)^b(x+1)^c$$

证明 令

$$\rho_v=2\cos 2\pi\omega_v\quad(v=1,2,\cdots,n)$$

为$f(x)$的根.因为

$$-\sqrt{2}<\rho_v<\sqrt{2}$$

可见

$$\frac{1}{8} < |\omega_v| < \frac{3}{8}$$

现在,多项式

$$f_1(x) = \prod_{v=1}^{n}(x^2 - \rho_v x + 1) = \prod_{v=1}^{n}(x - e^{2\pi i\omega_v})(x - e^{-2\pi i\omega_v})$$

有整系数,因为它们是 ρ_v 的对称函数. 因此定理 2 的假设被满足,使得 $|\omega_v| = \frac{1}{6}, \frac{1}{4}$ 或 $\frac{1}{3}$,也就是 $\rho_v = 0, \pm 1$.

在将定理 1 推广到任意半径的圆上的情形之前,首先要考虑这个半径可能是多少. 为了避免拐弯抹角,做到以下几点是有帮助的.

假设　令 $f(x)$ 不是在 x^k 中的一个多项式,其中 $k > 1$. 在相反的情况下,我们可以用 x 代替 x^k. 从而用根的 k 次幂来代替根,以此来简化问题. 这种变换将一组具有相同绝对值的根投入另一组这样的根中,而不改变根的辐角的有理性或无理性特征. 在约定了这个假设之后,我们继续进行证明.

定理 3　设 f 的根位于半径为 r 的圆上,则当 n 为奇数时,r 是一个整数;当 n 为偶数时,r 是一个整数的平方根.

证明　根据我们的假设,f 有一个系数 $a_k \neq 0$,其中 h 与 n 互素. 将 f 的根写成形式 $\rho_v = re^{i\theta_v}$(其中 θ 可能为 0),我们考虑,对称函数

$$\begin{aligned} a_{n-h} &= a_n \sum (\rho_1\rho_2\cdots\rho_h)^{-1} \\ &= r^{n-h}\sum e^{-i(\theta_1+\theta_2+\cdots+\theta_h)} \\ &= r^{n-h}\sum e^{i(\theta_1+\theta_2+\cdots+\theta_h)} \\ &= r^{n-2h}a_h \end{aligned}$$

即

$$r^{2h}a_{n-h} = a_n a_h \tag{3}$$

两边取 n 次方,就得到

$$a_n^{2h}a_{n-h}^n = a_n^n a_h^n$$

因为 $a_h \neq 0$,所以 a_n^{2h} 是一个完满 n 次幂. 若 n 是奇数,则 $2h$ 与 n 互素. 因此 $a_n = r^n$ 是一个整数的 n 次幂. 若 n 是偶数,则 h 与 n 互素. 因此 $a_n^3 = (r^2)^n$ 是一个整数的 n 次幂. 由此,定理得证.

为了证明 r 不必是整数,我们只需要展示 $f(x) = x^2 + 2x + 2$ 的情形.

现在的问题是:如果f的根位于一个圆上,那么它们的辐角是否必然与2π可公度,就像圆是单位圆的情况一样? $f(x)=x^2-x+4$的例子表明答案是否定的. 我们的问题是找到f的一个充要条件,使其根与单位根成比例. 我们首先考虑r是整数的情况.

定理4 如果$f(x)$的所有根都位于半径为r的圆上,其中r是整数,那么为使这些根与单位根成比例,其充分必要条件是a可被r^v整除.

证明 用$a_v=b_vr^v(v=1,2,\cdots,n)$定义$b_v$,则根为$f(x)$的根的$\frac{1}{r}$倍的多项式为

$$g(x)=f(rx) \mid r^n=x^n-b_1x^{n-1}+\cdots+(-1)^nb_n$$

其所有根都在单位圆上. 如果$b_i(i=1,2,\cdots,n)$是整数,则根据定理1,这些根是单位根. 相反地,如果这些根是单位根,那么b_i必须为整数,因为单位根满足具有整数系数的不可约方程. 由此证明了该定理.

如果r不是整数,则情况会稍微复杂一些. 证$r=s\sqrt{R}$比较方便,其中s,R是整数,且R没有大于1的平方因子. 我们有定理4的如下对应结果.

定理5 令f的所有根都位于半径为$s\sqrt{R}$的一个圆上. 为了使这些根与单位根成比例,其充分必要条件为a_v可被$s^vR^{[(v+1)/2]}$整除①.

证明 必要性. 令f的根为$s\sqrt{R}\varepsilon_v$,其中ε_v是单位根. 我们考虑多项式

$$g(x)=f(sx)/s^n=x^n-\frac{a_1}{s}x^{n-1}+\cdots+(-1)^n\frac{a_n}{s_n}$$

它的根为$\sqrt{R}\varepsilon_v$. 我们的首要任务是证明$g(x)$的系数是整数. 令$a_v/s^v=b_v$是它的第v个系数. 接下来考虑多项式$g_2(x)$,它的根是$g(x)$的根的平方,因此

$$g_2(x^2)=g(x)g(-x)$$

$$g_2(x)=\prod_{v=1}^{n}(x-R\varepsilon_v^2)=\sum_{v=0}^{n}(-1)^nx^{n-v}A$$

其中②

$$A_v=(-1)^vb_v^2+2\sum_{i=0}^{n}(-1)^ib_{2v-i}b_i(v>0),A_0=1 \tag{4}$$

因此A_v是有理数. 最后,多项式$g_1(x)=g_2(xR)/R^n$的系数是有理数,而它的根

---

① 这里$[x]$和通常一样表示小于或等于x的最大整数.

② 在(4)中,当$j<0$且$j>n$时$b_j=0,b_v=1$.

ε_v^2 是单位根. 因此它的系数和 $g_2(x)$ 的系数都必须是整数. 故 $g(x)g(-x) = g_2(x^2)$ 有整系数. 因此由高斯引理, $g(x)$ 的系数 b_v 是整数. 为了完成证明, 证明 b_v 可被 $R^{(v+1)/2}$ 整除就足够了.

由定理 3, n 是偶数, 令 $n = 2k$. 同样(3) 可以被写成

$$a_{n-v} = R^{k-v}a_v \tag{5}$$

现在由定理 4

$$A_v = R^v B_v \tag{6}$$

如果在(4) 中我们设 $v = k$, 并利用(5) 与(6), 可得

$$A_k = R^k B_k = (-1)^k a_k^2 + 2\sum_{i=0}^{k-1}(-1)^i a_i^2 R^{k-i} \tag{7}$$

因此 R 整除 a_k^2. 但是 R 没有平方因子. 因此 R 整除 a_k. 在(4) 中记 $v = k - 1$, 我们有

$$A_{k-1} = R^{k-1}B_{k-1} = (-1)^{k-1}a_{k-1}^2 + 2\sum_{i=0}^{k-2}(-1)^i a_i a_{i+2} R^{k-i-2}$$

因为 R 整除 a_k, 所以 R 整除这个和. 因此 a_{k-1} 可被 R 整除. 类似地我们可以证明 R 整除 $a_{k-2}, a_{k-3}, \cdots, a_1$. 在这一知识的强化下, 我们回到(7). 现在这个和可以被 R^3 整除, 因此也可以被 R^4 整除. 故 R^2 整除 a_k. 如前所述, $a_{k-1}, a_{k-2}, \cdots, a_3$ 可被 R^2 整除. 现在我们再次回到(7) 并重复推理, 直到我们发现, 对于 $v \leqslant k$, a_v 可被 $R^{[(v+1)/2]}$ 整除. 最后我们利用(5) 并发现 a_{n-v} 可被 R^λ 整除, 其中

$$\lambda = [(v+1)/2] + k - v = [(n-v+1)/2]$$

因此, 我们的条件是必要的.

充分性. 令 a_v 可被 $s^v R^{[(v+1)/2]}$ 整除, 则 b_v 可被 $R^{[(v+1)/2]}$ 整除. 由(4) 可知 A_v 包含 R^μ, 其中

$$\mu = \min_{i \leqslant r}\left\{\left[\frac{2v-i+1}{2}\right] + \left[\frac{i+1}{2}\right]\right\} = v$$

定理 4 告诉我们 $g_2(x)$ 的根和 $f(x)$ 的根与单位根成比例. 这证明了我们的条件是充分的.

所有整数系数 n 次多项式的根是单位根乘以一个整数的平方根. 当然, 它是无限的, 因为我们可以将根乘以任何整数. 一个多项式 f 的根位于半径为 $r = \sqrt{R}$ 的圆上, 其中 R 没有平方因子, 这可能被认为是所有这些多项式的根是 f 的根的整数倍的类的代表. 下面的定理表明这样的类的数量实际上是有限的.

定理 6　令 $f(x)$ 的 $n = 2k$ 个根具有形式 $\sqrt{R}\varepsilon_v$, 其中 ε_v 是单位根, 且 R 没有

平方因子,则

$$\sqrt{R} \leqslant \frac{(2k)!}{(k+1)!\ (k-1)!}$$

证明 因为f不是x^2或x^k中的多项式,它有一个系数$a_v \neq 0$,使得v是奇数且小于k. 由定理5

$$a_v = b_v R^{[(v+1)/2]} = \sum R^{v/2} \varepsilon_2 \varepsilon_2 \cdots \varepsilon_v$$

因此

$$|a_v| = |b_v| R^{[(v+1)/2]} \leqslant R^{v/2} \binom{n}{v}$$

也就是

$$|b_v| \sqrt{R} \leqslant \binom{n}{k-1} = \frac{(2k)!}{(k-1)!\ (k+1)!}$$

因为$|b_v| \geqslant 1$,定理得证. 对R的一个相当粗略的估计是

$$R < \frac{4^n}{\pi(n+4)}$$

根位于半径为$\sqrt{R}$的圆上的拟分圆多项式的例子如下

$R = 2: x^2 + 2x + 2$

$R = 2: x^4 + 2x^3 + 2x^2 + 4x + 4$

$R = 5: x^4 + 5x^3 + 15x^2 + 25x + 25$

$R = 6: x^4 + 6x^3 + 18x^2 + 36x + 36$

$R = 7: x^6 + 7x^5 + 21x^4 + 49x^3 + 147x^2 + 343x + 343$

第9章 分圆域与高斯和

清华大学数学科学系的罗世新硕士 2004 年在其导师冯克勤教授的指导下完成了题为《指数 4 的高斯和》的硕士学位论文. 在其论文中:

① 给出了"指数 4" 情形下乘法特征的阶 m 的分类,并按照 p 在分圆域 $\mathbf{Q}(\zeta_m)$ 中的分解域 K(虚 4 次阿贝尔数域) 归结为循环情形和非循环情形两种情形.

② 对于循环情形,我们首先由 Stickelberger 定理得到 $G(\chi)$ 在整数环 O_K 中的素理想分解. 然后利用 4 次循环域 K 的一组整基将 $G(\chi)$ 表示成 O_K 中的元素,直到它们仅仅相差一个因子 ε,而 ε 为整数环 O_K 中的单位. 再用高斯和的性质决定这个单位 ε,从而最后给出了高斯和 $G(\chi)$ 的计算公式.

本章假定:

(Ⅰ) p 为素数, $m \geqslant 2$, $(p(p-1), m) = 1$, p 模 m 的乘法阶为 $f = \frac{\varphi(m)}{4}$, 于是 $[(\mathbf{Z}/m\mathbf{Z})^* : \langle p \rangle] = 4$ 并且 p 在 $\mathbf{Q}(\zeta_m)$ 中的分解域 K 为 4 次(阿贝尔) 域.

(Ⅱ) $q = p^f$, χ 为 $\mathbf{F}_q$ 的 m 阶乘法特征, $G(\chi)$ 为定义的高斯和.

(Ⅲ) $-1 \notin \langle p \rangle \subseteq (\mathbf{Z}/m\mathbf{Z})^*$. 于是 K 为虚域.

9.1 循环情形

对于循环情形,有以下几种情形:

(A) $m = l_1^{r_1}$, $l_1 \equiv 5 \pmod 8$, $p \equiv g_1^4 \pmod m$, $\mathbf{Q}(\sqrt{l_1}) \subset K \subset \mathbf{Q}(\zeta_{l_1})$.

(B) $m=l_1^{r_1}l_2^{r_2}$, (l_1-1,l_2-1) 为 2 的方幂,并且

(B1) $l_1\equiv 1(\bmod 8), l_2\equiv 5(\bmod 8), p\equiv g_1g_2(\bmod m)$

$$\langle p\rangle=\langle g_1g_2,g_1^4,g_2^4\rangle, \mathbf{Q}(\sqrt{l_1l_2})\subset K\subset \mathbf{Q}(\zeta_{l_1l_2})$$

(B2)"$l_1\equiv 5(\bmod 8), l_2\equiv 1(\bmod 4)$"或者"$l_1\equiv 1(\bmod 8), l_2\equiv 3(\bmod 4)$"

$$p\equiv g_1^2g_2(\bmod m), \langle p\rangle=\langle g_1^4,g_2^2,g_1^2g_2\rangle$$

$$\mathbf{Q}(\sqrt{l_1})\subset K\subset \mathbf{Q}(\zeta_{l_1l_2}), K\not\subset \mathbf{Q}(\zeta_{l_1})$$

(B3) $$l_1\equiv 5(\bmod 8), p\equiv g_1^4g_2(\bmod m)$$

$$\langle p\rangle=\langle g_1^4,g_2\rangle, \mathbf{Q}(\sqrt{l_1})\subset K\subset \mathbf{Q}(\zeta_{l_1})$$

我们的主要结果为:

定理 1(循环情形) 在上述假定(Ⅰ),(Ⅱ),(Ⅲ)成立之下,令 σ 为虚 4 次循环域 K 的伽罗瓦群 $\mathrm{Gal}(K/\mathbf{Q})(\cong(\mathbf{Z}/m\mathbf{Z})^*/\langle p\rangle)$ 的一个生成元,$\sigma(\zeta_m)=\zeta_m^g$. 记

$$\widetilde{m}=l_1\cdots l_s\quad (m=l_1^{r_1}\cdots l_s^{r_s})$$

$$\widetilde{C_\lambda}=g^\lambda\langle p\rangle\subseteq(\mathbf{Z}/\widetilde{m}\mathbf{Z})^*\quad (0\leqslant\lambda\leqslant 3)$$

$$\tilde{f}=\frac{\varphi(\widetilde{m})}{4}\left(于是 f=\frac{\varphi(m)}{4}=\frac{m}{\widetilde{m}}\tilde{f}\right)$$

$$b_\lambda=\frac{1}{\widetilde{m}}\sum_{\substack{z=1\\ z\in\widetilde{C_\lambda}}}^{\widetilde{m}-1}z\quad (0\leqslant\lambda\leqslant 3)$$

$$b=\min\{b_0,b_1,b_2,b_3\}=b_\lambda(对某个 \lambda)$$

$$c=\min\{b_{\lambda+1}-b,b_{\lambda+3}-b\}$$

(当 $\lambda=\lambda'(\bmod 4)$ 时,规定 $b_\lambda=b_{\lambda'}$),则对于 $\mathbf{F}_q(q=p^f)$ 的乘法特征 χ,$\mathbf{F}_q$ 上的高斯和 $G(\chi)$ 和它的共轭为

$$\{\sigma^\lambda(G(\chi))\mid 0\leqslant\lambda\leqslant 3\}=\{p^{\frac{1}{2}(f-\tilde{f})+b}\sigma^\lambda(\beta)\mid 0\leqslant\lambda\leqslant 3\}$$

其中 β 按以下方式决定:

情形 A $m=l_1^{r_1}, l_1\equiv 5(\bmod 8), l_1\geqslant 13, p\equiv g_1^4(\bmod m)$.

设 A 和 B 是满足 $A^2+B^2=l_1, A\equiv 3(\bmod 4)$ 的整数. 对下列方程组

$$\begin{cases}16p^{\frac{l_1-1}{4}-2b}=M_0^2+l_1(M_1^2+M_2^2+M_3^2)\\2M_0M_2+2AM_1M_3-B(M_1^2-M_3^2)=0\\M_0+M_1+M_2+M_3\equiv 0(\bmod 4),M_1\equiv M_2\equiv M_3(\bmod 2)\\M_0\equiv 4p^{-b}(\bmod l_1)\end{cases}\tag{1}$$

的每个整数解$\{M_0,M_1,M_2,M_3\}$,令

$$4\alpha=-M_0+M_2\sqrt{l_1}+\mathrm{i}\sqrt{2}\left(\frac{M_1+M_3}{2}(l_1-A\sqrt{l_1})^{\frac{1}{2}}+\frac{M_1-M_3}{2}(l_1+A\sqrt{l_1})^{\frac{1}{2}}\right)\tag{2}$$

则β是满足$p^c\parallel\alpha^{1+\sigma}$的$\alpha$.

情形 B1　$m=l_1^{r_1}l_2^{r_2},l_1\equiv 1(\bmod 8),l_2\equiv 5(\bmod 8),p\equiv g_1g_2(\bmod m)$.

设A和B是满足$A^2+B^2=l_1l_2,A\equiv 3(\bmod 4)$的整数($A$有两种可能性,对应于两个可能的$K$). 对于下列方程组

$$\begin{cases}16p^{\frac{\varphi(l_1l_2)}{4}-2b}=M_0^2+l_1l_2(M_1^2+M_2^2+M_3^2)\\2M_0M_2+2AM_1M_3+B(M_1^2-M_3^2)=0\\M_0+M_1+M_2+M_3\equiv 0(\bmod 4),M_1\equiv M_2\equiv M_3(\bmod 2)\\M_0\equiv 4p^{-b}(\bmod l_1)\end{cases}\tag{3}$$

的每个整数解$\{M_0,M_1,M_2,M_3\}$,令

$$4\alpha=M_0+M_2\sqrt{l_1l_2}+\mathrm{i}\sqrt{2}\left(\frac{M_1+M_3}{2}(l_1l_2+A\sqrt{l_1l_2})^{\frac{1}{2}}+\frac{M_1-M_3}{2}(l_1l_2-A\sqrt{l_1l_2})^{\frac{1}{2}}\right)\tag{4}$$

则β是满足$p^c\parallel\alpha^{1+\sigma}$的$\alpha$.

情形 B2　$m=l_1^{r_1}l_2^{r_2}$,“$l_1\equiv 5(\bmod 8),l_2\equiv 1(\bmod 4)$”或者“$l_1\equiv 1(\bmod 8)$,$l_2\equiv 3(\bmod 4)$”,$p\equiv g_1^2g_2(\bmod m)$.

设A和B是满足$A^2+B^2=l_1,A\equiv\frac{l_1+1}{2}(\bmod 4)$的整数. 对于方程组

$$\begin{cases}16p^{\frac{\varphi(l_1l_2)}{4}-2b}=M_0^2+l_1M_2^2+l_1l_2(M_1^2+M_3^2)\\2M_0M_2+2l_2AM_1M_3-l_2B(M_1^2-M_3^2)=0\\M_0+M_1+M_2+M_3\equiv 0(\bmod 4),M_1\equiv M_2\equiv M_3(\bmod 2)\\M_0\equiv 4p^{-b}(\bmod l_1)\end{cases}\tag{5}$$

的整数解$\{M_0,M_1,M_2,M_3\}$,令

$$4\alpha = M_0 - M_2\sqrt{l_1} + \mathrm{i}\sqrt{2l_2}\left(\frac{M_1+M_3}{2}(l_1 - A\sqrt{l_1})^{\frac{1}{2}} + \frac{M_1-M_3}{2}(l_1 + A\sqrt{l_1})^{\frac{1}{2}}\right) \tag{6}$$

则β是满足$p^c \parallel \alpha^{1+\sigma}$的$\alpha$.

情形 B3 $m = l_1^{r_1}l_2^{r_2}, l_1 \equiv 5(\bmod 8), l_1 \geqslant 13, p \equiv g_1^4 g_2(\bmod m)$.

其结论同情形A,只是把方程组(1)中第一方程左边的$\frac{l_1-1}{4}$改成$\frac{\varphi(l_1l_2)}{4}$.而最后方程改成$M_0 \equiv -4p^{-b}(\bmod l_1)$.

现在着手定理的证明.取$\mathrm{Gal}(K/\mathbf{Q}) = (\mathbf{Z}/m\mathbf{Z})^*/\langle p\rangle$的一个生成元$g$,则

$$\mathrm{Gal}(K/\mathbf{Q}) = \{C_\lambda \mid 0 \leqslant \lambda \leqslant 3\}$$

其中$C_\lambda = g^\lambda\langle p\rangle$.今后把$a \in \mathbf{Z}((a,m)=1)$等同于$K$的自同构$\sigma_a, \sigma_a(\zeta_m) = \zeta_m^a$.于是$\sigma_{-1}$为复共轭自同构,而$-1 \in C_2$.记$\sigma = \sigma_a$,则

$$\overline{G(\chi)} = \chi(-1)G(\bar{\chi}) = G(\bar{\chi}) = G(\chi)^{\sigma^{-1}} = G(\chi)^{\sigma^2} \tag{7}$$

由 Stickelberger 定理,我们有

$$G(\chi)O_K = P^{a_0+a_1\sigma+a_2\sigma^2+a_3\sigma^3} \tag{8}$$

其中P为O_K中一个素理想,$P \mid p$.而

$$a_\lambda = \frac{1}{m}\sum_{\substack{x=1\\ x \in C_\lambda}}^{m-1} x \quad (0 \leqslant \lambda \leqslant 3) \tag{9}$$

由于K是p在$\mathbf{Q}(\zeta_m)$中的分解域,可知

$$pO_K = P^{1+\sigma+\sigma^2+\sigma^3} \tag{10}$$

由(7)和(8)知,$\overline{G(\chi)}O_K = P^{a_2+a_3\sigma+a_0\sigma^2+a_1\sigma^3}$.再由式(10)和$G(\chi)\overline{G(\chi)} = q = p^f$可知

$$a_0 + a_2 = a_1 + a_3 = f = \frac{\varphi(m)}{4} \tag{11}$$

现在把a_λ的表达式(9)进行简化.对于$m = l_1^{r_1}\cdots l_s^{r_s}$,记$\widetilde{m} = l_1\cdots l_s$.则商群$(\mathbf{Z}/\widetilde{m}\mathbf{Z})^*/\langle p\rangle$仍由$g$生成,并且此商群为$\{\widetilde{C_\lambda} \mid 0 \leqslant \lambda \leqslant 3\}$,其中$\widetilde{C_\lambda} = g^\lambda\langle p\rangle \subseteq (\mathbf{Z}/\widetilde{m}\mathbf{Z})^*$.

引理 1 记$\widetilde{f} = \frac{\varphi(\widetilde{m})}{4}$和

$$b_\lambda = \frac{1}{\widetilde{m}} \sum_{\substack{z=1 \\ z \in \widetilde{C_\lambda}}}^{\widetilde{m}-1} z \quad (0 \leqslant \lambda \leqslant 3) \tag{12}$$

则

$$a_\lambda = \frac{1}{2}(f - \widetilde{f}) + b_\lambda \quad (0 \leqslant \lambda \leqslant 3)$$

证明　记 $m = d\widetilde{m}$，则 $\varphi(m) = d\varphi(\widetilde{m})$. 每个 $x(0 \leqslant x \leqslant m-1)$ 唯一表示成 $x = \widetilde{m}y + z(0 \leqslant y \leqslant d-1, 0 \leqslant z \leqslant \widetilde{m}-1)$. 于是

$$\begin{aligned} a_\lambda &= \frac{1}{m} \sum_{\substack{x=0 \\ x \in C_\lambda}}^{m-1} x = \frac{1}{m} \sum_{y=0}^{d-1} \sum_{\substack{z=0 \\ z \in \widetilde{C_\lambda}}}^{\widetilde{m}-1} (\widetilde{m}y + z) \\ &= \frac{1}{m}\left[\widetilde{m} \mid \widetilde{C_\lambda} \middle| \frac{d(d-1)}{2} + db_\lambda \widetilde{m}\right] \\ &= \frac{d-1}{2} \frac{\varphi(\widetilde{m})}{4} + b_\lambda \\ &= \frac{1}{2}\left(\frac{\varphi(m)}{4} - \frac{\varphi(\widetilde{m})}{4}\right) + b_\lambda \\ &= \frac{1}{2}(f - \widetilde{f}) + b_\lambda \end{aligned}$$

这就证明了引理 1.

由引理 1 可知

$$G(\chi) = p^{\frac{1}{2}(f-\widetilde{f})} \widetilde{G}(\chi) \tag{13}$$

其中 $\widetilde{G}(\chi) \in O_K$，并且

$$\widetilde{G}(\chi) O_K = P^{b_0 + b_1\sigma + b_2\sigma^2 + b_3\sigma^3} \tag{14}$$

而(11) 成为

$$b_0 + b_2 = b_1 + b_3 = \widetilde{f} \tag{15}$$

通过一个循环置换，我们不妨假设 $b_0 = \min\{b_0, b_1, b_2, b_3\}$，由(15) 知 $\max\{b_0, b_1, b_2, b_3\} = b_2$. 再由(14) 知

$$\widetilde{G}(\chi') O_K = p^{b_0} P^{c_1\sigma + c_2\sigma^2 + c_3\sigma^3} \tag{16}$$

其中 $c_\lambda = b_\lambda - b_0 \geqslant 0(0 \leqslant \lambda \leqslant 3)$. 且由(15)和(16)可知

$$c_1 + c_3 = c_2, p^{b_0+1} \nmid \widetilde{G}(\chi)$$

注记 b_λ(和 c_λ)可由公式(12)计算. 但也可利用下面的类数公式

$$(b_0 - b_2)^2 + (b_1 - b_3)^2 = c_2^2 + (c_1 - c_3)^2 = 2\frac{h(K)}{h(k)} \tag{17}$$

其中 $h(K)$ 和 $h(k)$ 分别是 K 和它的(唯一)二次实子域 k 的理想类数. 熟知 $h(k) \mid h(K)$, $h(K)/h(k)$ 叫作 K 的相对类数. 当 $\frac{h(K)}{h(k)}$ 为 1 或奇素数时,方程 $X^2 + Y^2 = 2\frac{h(K)}{h(k)}$ 本质上有唯一的非负整数解,从而 b_λ 和 c_λ 可直接决定.

例 对于 $m = l_1^{r_1}, l_1 \equiv 5(\bmod 8)$(情形 A).

当 $l_1 =$ 13,29,37,53,61 时,由 K 的相对类数表知 $\frac{h(K)}{h(k)} = 1$. 于是 $(b_0 - b_2)^2 + (b_1 - b_3)^2 = 2$,从而

$$b_2 - b_0 = 1, b_1 - b_3 = \pm 1$$

由 $b_0 + b_2 = b_1 + b_3 = \tilde{f}\left(\tilde{f} = \frac{l_1 - 1}{4}\right)$,可知

$$b_0 = \frac{\tilde{f} - 1}{2}, b_2 = \frac{\tilde{f} + 1}{2}, \{b_1, b_3\} = \left\{\frac{\tilde{f} - 1}{2}, \frac{\tilde{f} + 1}{2}\right\}$$

可设 $b_3 = \frac{\tilde{f} - 1}{2}$,于是 $\widetilde{G}(\chi) O_K = p^{\frac{\tilde{f}-1}{2}} P^{\sigma + \sigma^2}$.

对于 $l_1 = 101$, $\frac{h(K)}{h(k)} = 5$, $(b_0 - b_2)^2 + (b_1 - b_3)^2 = 10$,得到

$$b_2 - b_0 = 3, b_1 - b_3 = \pm 1$$

不妨设 $b_1 - b_3 = 1$,则

$$b_0 = \frac{\tilde{f} - 3}{2}, b_2 = \frac{\tilde{f} + 3}{2}, b_1 = \frac{\tilde{f} + 1}{2}, b_3 = \frac{\tilde{f} - 1}{2}, \tilde{f} = \frac{\varphi(101)}{4} = 25$$

从而

$$\widetilde{G}(\chi) O_K = p^{\frac{\tilde{f}-3}{2}} P^{2\sigma + 3\sigma^2 + \sigma^3} = p^{11} P^{2\sigma + 3\sigma^2 + \sigma^3}$$

我们已经给出 $\widetilde{G}(\chi)$(从而 $G(\chi) = p^{\frac{1}{2}(f - \tilde{f})} \widetilde{G}(\chi)$)在 O_K 中的理想分解式

(16). 为决定 $\widetilde{G}(\chi)$ 的值,现在需要下面的关于 4 次循环域"伽罗瓦正规整基"的引理.

引理 2　设 K 是四次循环数域,$\widetilde{m}$ 为 K 的 Conductor(即 $\widetilde{m}$ 是满足 $K \subseteq \mathbf{Q}(\zeta_{\widetilde{m}})$ 的最小正整数),$\mathbf{Q}(\sqrt{U})$ 为 K 的(唯一) 实二次子域,则:

(1) $\widetilde{m} = UV, U = p_1 \cdots p_{t_1}, V = p_{t_1+1} \cdots p_{t_1+t_2}$,其中 $p_1, \cdots, p_t (t = t_1 + t_2)$ 是不同的奇素数,并且 $p_\lambda \equiv 1 \pmod 4 (1 \leqslant \lambda \leqslant t_1)$.

进而,对固定的 $\widetilde{m}$ 和 U,共有 $2^{t_1 - 1}$ 个 4 次循环域 K 使得 K 的 Conductor 为 $\widetilde{m}$ 并且 $\mathbf{Q}(\sqrt{U}) \subseteq K$.

(2) 令

$$x = \#\{\lambda \mid 1 \leqslant \lambda \leqslant t_1, p_\lambda \equiv 5 \pmod 8\}$$
$$y = \#\{\lambda \mid t_1 + 1 \leqslant \lambda \leqslant t, p_\lambda \equiv 3 \pmod 4\}$$

则 K 是虚域的充分必要条件为 $x + y \equiv 1 \pmod 2$.

(3) 记 H 为 K 在 $\mathrm{Gal}(\mathbf{Q}(\zeta_m)/\mathbf{Q}) = (\mathbf{Z}/\widetilde{m}\mathbf{Z})^*$ 中的固定子群,取 $g \in (\mathbf{Z}/\widetilde{m}\mathbf{Z})^*$ 为 $\mathrm{Gal}(K/\mathbf{Q}) \cong (\mathbf{Z}/\widetilde{m}\mathbf{Z})^*/H$ 的生成元,则

$$\{\eta_\lambda = \sum_{a \in g^\lambda H} \zeta_{\widetilde{m}}^a \mid 0 \leqslant \lambda \leqslant 3\}$$

是域 K 的一组整基,并且是"伽罗瓦正规" 的,即 $\eta_\lambda = \sigma^\lambda(\eta_0)$,其中 $\sigma(\zeta_{\widetilde{m}}) = \zeta_{\widetilde{m}}^g$ 是 $\mathrm{Gal}(K/\mathbf{Q})$ 的生成元.

(4) 方程 $U = X^2 + Y^2$ 共有 $2^{t_1 - 1}$ 组整数解 $(X, Y) = (A, B)$ 满足 $A \equiv (-1)^x \pmod 4$,它们对应于(1) 中所述的 $2^{t_1 - 1}$ 个子域 K. 在这种对应下

$$\eta_0, \eta_2 = \frac{1}{4}((-1)^t + (-1)^{t_2}\sqrt{U}) \pm \frac{1}{4}((-1)^{x+y} 2V(U + (-1)^{t_1} A\sqrt{U}))^{\frac{1}{2}}$$

$$\eta_0, \eta_3 = \frac{1}{4}((-1)^t - (-1)^{t_2}\sqrt{U}) \pm \frac{1}{4}((-1)^{x+y} 2V(U - (-1)^{t_1} A\sqrt{U}))^{\frac{1}{2}}$$

现在我们使用引理 2 给出的 K 的整基$\{\eta_\lambda \mid 0 \leqslant \lambda \leqslant 3\}$. 对于这组整基, $\widetilde{G}(\chi) p^{-b_0} \in O_K$ 可唯一表示成

$$p^{-b_0} \widetilde{G}(\chi) = N_0 \eta_0 + N_1 \eta_1 + N_2 \eta_2 + N_3 \eta_3 \quad (N_\lambda \in \mathbf{Z}, \lambda = 0,1,2,3) \tag{18}$$

记 $\varepsilon_1 = (-1)^{t_1}, \varepsilon_2 = (-1)^{t_2}$,其中 t_1 和 t_2 在引理 2(1) 中定义. 若 K 的

Conductor 为 UV, K 的二次子域为 $k=\mathbf{Q}(\sqrt{U})$，由引理 2(令 $\mathrm{i}=\sqrt{-1}$) 得

$$\begin{aligned}4\eta_0&=(\varepsilon_1\varepsilon_2+\varepsilon_2\sqrt{U})+\mathrm{i}(2V(U+\varepsilon_1A\sqrt{U}))^{\frac{1}{2}}=4\overline{\eta_2}\\4\eta_1&=(\varepsilon_1\varepsilon_2-\varepsilon_2\sqrt{U})+\mathrm{i}(2V(U-\varepsilon_1A\sqrt{U}))^{\frac{1}{2}}=4\overline{\eta_3}\end{aligned}\tag{19}$$

将式(19)代入式(18)，得到

$$\begin{aligned}4p^{-b_0}\widetilde{G}(\chi)=&\ (N_0+N_1+N_2+N_3)\varepsilon_1\varepsilon_2+(N_0+N_2-N_1-N_3)\varepsilon_2\sqrt{U}+\\&\mathrm{i}((N_0-N_2)(U+\varepsilon_1A\sqrt{U})^{\frac{1}{2}}+(N_1-N_3)(U-\varepsilon_1A\sqrt{U})^{\frac{1}{2}})\sqrt{2V}\end{aligned}$$

作变换

$$\begin{cases}M_0=N_0+N_1+N_2+N_3\\M_1=N_0+N_1-N_2-N_3\\M_2=N_0-N_1+N_2-N_3\\M_3=N_0-N_1-N_2+N_3\end{cases},\begin{cases}4N_0=M_0+M_1+M_2+M_3\\4N_1=M_0+M_1-M_2-M_3\\4N_2=M_0-M_1+M_2-M_3\\4N_3=M_0-M_1-M_2+M_3\end{cases}$$

则 $N_\lambda\in\mathbf{Z}(0\leqslant\lambda\leqslant3)$ 相当于 $M_0+M_1+M_2+M_3\equiv0(\mathrm{mod}\ 4)$ 和 $M_1\equiv M_2\equiv M_3(\mathrm{mod}\ 2)$，我们有

$$\begin{aligned}4p^{-b_0}\widetilde{G}(\chi)=&M_0\varepsilon_1\varepsilon_2+M_2\varepsilon_2\sqrt{U}+\mathrm{i}\sqrt{2V}\Big(\frac{M_1+M_3}{2}(U+\varepsilon_1A\sqrt{U})^{\frac{1}{2}}+\\&\frac{M_1-M_3}{2}(U-\varepsilon_1A\sqrt{U})^{\frac{1}{2}}\Big)\end{aligned}\tag{20}$$

由(14)和(15)可知

$$\begin{aligned}16p^{\tilde{f}-2b_0}=&|4p^{-b_0}\widetilde{G}(\chi)|^2=M_0^2+M_2^2U+2\varepsilon_1M_0M_2\sqrt{U}+\\&2V\Big(\frac{M_1^2+M_3^2}{2}U+\varepsilon_1M_1M_2A\sqrt{U}+\frac{M_1^2-M_3^2}{2}B\sqrt{U}\Big)\end{aligned}\tag{21}$$

所以整数 $\{M_0,M_1,M_2,M_3\}$ 满足下列等式和同余式

$$\begin{cases}16p^{\tilde{f}-2b_0}=M_0^2+UM_2^2+UV(M_1^2+M_3^2)\\2M_0M_2+2AVM_1M_3+\varepsilon_1BV(M_1^2-M_3^2)=0\\M_0+M_1+M_2+M_3\equiv0(\mathrm{mod}\ 4),M_1\equiv M_2\equiv M_3(\mathrm{mod}\ 2)\end{cases}\tag{22}$$

由于(22)中第一式右边是关于 M_λ 的正定二次型，方程组(22)只能有有限多个整数解 M_λ. 下面引理决定哪一组解 M_λ 通过(20)给出 $\widetilde{G}(\chi)$ 的值.

引理 3 设 $K\neq\mathbf{Q}(\zeta_5)$，对方程组(22)的每组整数解 $M_\lambda(0\leqslant\lambda\leqslant3)$，$p\nmid$

(M_0, M_1, M_2, M_3)，记式(20)右边为4α，则$\alpha \in O_K$. 并且$\widetilde{G}(\chi)$为$\{\pm p^{b_0}\sigma^{\lambda}(\alpha) \mid 0 \leqslant \lambda \leqslant 3\}$中之一当且仅当$p^{\min(c_1,c_3)} \parallel \alpha \cdot \sigma(\alpha)$.

证明　由式(21)可知$\alpha\overline{\alpha} = p^{c_2}$，其中$c_2 = \tilde{f} - 2b_0 = b_2 - b_0$. 由$p \nmid (M_0, M_1, M_2, M_3)$可知$p \nmid \alpha$. 于是$\alpha$(必要时改用它的共轭元素$\sigma^i(\alpha)$)在$O_K$有分解

$$\alpha O_K = P^{d_1\sigma + d_2\sigma^2 + d_3\sigma^3} \quad (d_i \geqslant 0) \tag{23}$$

由$\sigma^4 = 1$可知

$$\begin{aligned} P^{c_2(1+\sigma+\sigma^2+\sigma^3)} &= P^{c_2}O_K = \alpha\overline{\alpha}O_K = \alpha^{1+\sigma^2}O_K \\ &= P^{(1+\sigma^2)(d_1\sigma+d_2\sigma^2+d_3\sigma^3)} \\ &= P^{d_2(1+\sigma^2)+(d_1+d_3)(1+\sigma^3)} \end{aligned}$$

可知$d_2 = c_2, d_1 + d_3 = c_2$. 由(23)有

$$\alpha \cdot \sigma(\alpha) O_K = P^{(d_1\sigma+d_2\sigma^2+d_3\sigma^3)(1+\sigma)} = P^{d_1\sigma+(d_1+c_2)\sigma^2+(c_2+d_3)\sigma^3+d_3}$$

于是$p^d \parallel \alpha \cdot \sigma(\alpha)$，其中$d = \min\{d_1, d_3\}$. 另外，公式(16)表明

$$p^{-b_0}\widetilde{G}(\chi) O_K = P^{c_1\sigma+c_2\sigma^2+c_3\sigma^3} \quad (3 \geqslant c_i \geqslant 0, c_1 + c_3 = c_2) \tag{24}$$

所以$p^{\min(c_1,c_3)} \parallel (p^{-b_0}\widetilde{G}(\chi))^{1+\sigma}$. 因此

$$\begin{aligned} p^{\min(c_1,c_3)} \parallel \alpha \cdot \sigma(\alpha) &\Leftrightarrow \min(c_1, c_3) = \min(d_1, d_3) \\ &\Leftrightarrow \{c_1, c_3\} = \{d_1, d_3\} \text{（因为 } c_1 + c_3 = d_1 + d_3 = c_2\text{）} \\ &\Leftrightarrow p^{b_0}\alpha O_K = \sigma^{\lambda}(\widetilde{G}(\chi))O_K \text{（对某个 } \lambda\text{）} \\ &\qquad\qquad \text{（由式(23)(24)）} \\ &\Leftrightarrow \gamma = (p^{b_0}\alpha)^{-1}\sigma^{\lambda}(\widetilde{G}(\chi)) \in U_K \text{（} O_K \text{ 的单位群）} \end{aligned}$$

由于$\widetilde{G}(X)^{1+\sigma^2} = |\widetilde{G}(\chi)|^2 = p^{\tilde{f}} = |p^{b_0}\alpha|^2$，可知$|\gamma|^2 = 1$. 进而对每个$\tau \in \mathrm{Gal}(K/\mathbf{Q}) = \{\sigma^{\lambda} \mid 0 \leqslant \lambda \leqslant 3\}$，$|\tau(\gamma)|^2 = \gamma^{\tau(1+\sigma^2)} = (\gamma^{1+\sigma^2})^{\tau} = 1^{\tau} = 1$. 所以由$\gamma \in U_K$可推得$\gamma$是$K$中单位根. 当$K \neq \mathbf{Q}(\zeta_5)$时，$U_K$中单位根只有$\pm 1$. 这就表明

$$p^{\min(c_1,c_3)} \parallel \alpha \cdot \sigma(\alpha) \Leftrightarrow \widetilde{G}(\chi) \in \{\pm p^{b_0}\sigma^{\lambda}(\alpha)\} \mid 0 \leqslant \lambda \leqslant 3\}$$

这就证明了引理3.

至此,我们已经决定 $\widetilde{G}(X)$ 到了相差一个正负号.由于(22)中前两个方程可分别具体化为定理中方程组(1)和(3)(5)中的前两个方程.为了完成定理的证明,我们只需对每种情形,证明方程组(1)和(3)(5)中的最后一个同余式均成立.由此决定 M_0 的符号,从而也决定了 α 和 $\widetilde{G}(\chi)$ 的符号.从而最终决定了 $\{\sigma^{\lambda}(G(X)) \mid 0 \leqslant \lambda \leqslant 3\}$,完成定理的证明.

情形 A 这时 $m = l_1^{r_1}, K \subset \mathbf{Q}(\zeta_{l_1}), \chi^{l_1^{r_1}}$ 为 $\mathbf{F}_q$ 的平凡特征.由 $p \equiv g_1^4 (\bmod\ l_1^{r_1})$ 可知

$$p^{\frac{1}{2}(f-\tilde{f})} \equiv g_1^{\frac{1}{2}(\varphi(m)-\varphi(\widetilde{m}))} = g_1^{(l_1-1)\frac{l_1^{r_1-1}-1}{2}} \equiv 1 \pmod{l_1}$$

令 P 为 O_K 中的素理想,$P \mid l_1$.由(2)知 $4\alpha \equiv -M_0 (\bmod\ P)$,于是

$$G(\chi) = p^{\frac{1}{2}(f-\tilde{f})+b}\alpha \equiv -\frac{M_0}{4}p^b \pmod{P}$$

另外

$$G(\chi)^{l_1^{r_1}} = \Big(\sum_{x \in \mathbf{F}_q^*} \chi(x)\zeta_p^{T(x)}\Big)^{l_1^{r_1}} \equiv \sum_{x \in \mathbf{F}_q^*} \chi^{l_1^{r_1}}(x)\zeta_p^{l_1^{r_1}T(x)} \pmod{P}$$

$$\equiv \sum_{x \in \mathbf{F}_q^*} \zeta_p^{l_1^{r_1}T(x)} \equiv -1 \pmod{P}$$

从而 $-1 \equiv \left(-\frac{M_0}{4}p^b\right)^{l_1^{r_1}} \equiv -\frac{M_0}{4}p^b (\bmod\ P)$.这就表明 $M_0 \equiv 4p^{-b} (\bmod\ l_1)$.

情形 B1 这时 $m = l_1^{r_1}l_2^{r_2}, l_1 \equiv 1 (\bmod\ 8), l_2 \equiv 5 (\bmod\ 8), p \equiv g_1g_2 (\bmod\ m)$.从而

$$p^{\frac{\tilde{f}}{2}} \equiv g_1^{\frac{l_1-1}{2}\cdot\frac{l_2-1}{4}} \equiv g_1^{\frac{l_1-1}{2}} \equiv -1 \pmod{l_1}$$

设 P 是 l_1 在 $\mathbf{Q}(\zeta_m)$ 的整数环中的一个素理想因子,则

$$G(\chi) \equiv \frac{1}{4}p^{\frac{f-\tilde{f}}{2}+b}M_0 \pmod{P}$$

于是

$$G(\chi)^{l_1^{r_1}} \equiv \sum_{x \in \mathbf{F}_q^*} \chi^{l_1^{r_1}}(x)\zeta_p^{l_1^{r_1}T(x)} \equiv \bar{\chi}^{l_1^{r_1}}(l_1^{r_1})G(\chi^{l_1^{r_1}}) \pmod{P}$$

$\eta = \chi^{l_1^{r_1}}$ 是 $\mathbf{F}_q$ 的 $l_2^{r_2}$ 阶乘法特征,而 $l_1^{r_1}$ 在 $\mathbf{F}_q$ 中的阶是 $p-1$ 的因子.由于 $p \equiv$

$g_2 \not\equiv 1(\bmod l_2)$，可知$(l_2^{r_2},p-1)=1$. 因此$\overline{\chi}^{l_1^{r_1}}(l_1^{r_1})=\overline{\eta}(l_1^{r_1})=1$. 于是$G(\chi)^{l_1^{r_1}} \equiv G(\eta)(\bmod p)$. 由$p\equiv g_2(\bmod l_2^{r_2})$可知存在$\mathbf{F}_{q'}$的$l_2^{r_2}$阶特征$\eta'$，使得$\eta=\eta'\circ N$，其中$q'=p^{f'}f'=\varphi(l_2^{r_2})$，而$N$为$\mathbf{F}_q$到$\mathbf{F}_{q'}$的范映射. 可知$-G(\eta)=(-G(\eta'))^{\frac{\varphi(l_1^{r_1})}{4}}$. 但是$p^{\frac{\varphi(l_2^{r_2})}{2}}\equiv -1(\bmod l_2^{r_2})$，可知$G(\eta')=\sqrt{q'}$. 于是

$$G(\chi)^{l_1^{r_1}} \equiv G(\eta) \equiv -G(\eta')^{\frac{\varphi(l_1^{r_1})}{4}} \equiv -p^{\frac{\varphi(m)}{8}} \equiv -p^{\frac{f}{2}}(\bmod P)$$

但是$G(\chi)=\frac{1}{4}p^{\frac{f-\hat{f}}{2}+b}M_0(\bmod P)$，因此$-p^{\frac{f}{2}} \equiv \left(\frac{1}{4}p^{\frac{f-\hat{f}}{2}+b}\right)M_0(\bmod l_1)$，即

$$M_0 \equiv -4p^{-b+\frac{\hat{f}}{2}} \equiv 4p^{-b}(\bmod l_1)$$

情形 B2　类似于情形(B1)的证明，可知

$$\frac{1}{4}p^{\frac{f-\hat{f}}{2}+b}M_0 \equiv G(\chi)^{l_1^{r_1}} \equiv G(\eta)(\bmod P)$$

$$-G(\eta)=(-G(\eta'))^{\frac{\varphi(l_1^{r_1})}{4}}=(-1)^{\frac{l_1-1}{4}}G(\eta')^{\frac{\varphi(l_1^{r_1})}{4}}$$

$$G(\eta')=p^{\frac{\varphi(l_2^{r_2})}{2}}$$

于是

$$\frac{1}{4}p^{\frac{f-\hat{f}}{2}+b}M_0 \equiv (-1)^{\frac{l_1+3}{4}}p^{\frac{f}{2}}(\bmod l_1)$$

即

$$M_0 \equiv (-1)^{\frac{l_1+3}{4}}4p^{-b+\frac{\hat{f}}{2}} \equiv (-1)^{\frac{l_1+3}{4}}4p^{-b}g_1^{\hat{f}}$$
$$\equiv 4p^{-b}(-1)^{\frac{l_1+3}{4}+\frac{l_2-1}{2}} \equiv 4p^{-b}(\bmod l_1)$$

情形 B3　由于$K\subset \mathbf{Q}(\zeta_{l_1})$，$\alpha$的表达式与情形 A 相同. 但是$\alpha\overline{\alpha}=p^{f-2b}$，$f=\frac{\varphi(l_1l_2)}{2}$，所以方程组(1)的第一个方程左边$16p^{\frac{l_1-1}{4}-2b}$应改成$16p^{\frac{\varphi(l_1l_2)}{4}-2b}$，进而

$$\frac{1}{4}p^{\frac{f-\hat{f}}{2}+b}(-M_0) \equiv G(\chi)^{l_1^{r_1}} \equiv G(\eta) \equiv G(\eta')^{\frac{\varphi(l_1^{r_1})}{4}} \equiv p^{\frac{f}{2}}(\bmod P)$$

于是$M_0 \equiv -4p^{-b}(\bmod l_1)$.

这就完成了定理 1 的证明.

例　取 $l_1=17,l_2=5,m=l_1l_2=85$,则

$$f=\frac{\varphi(m)}{4}=16$$

$(l_1-1,l_2-1)=4$ 没有奇素因子.

模17的原根为 $3,5,6,7,10,11,12,14 \pmod{17}$,从而满足 $g_1\equiv 1 \pmod 5$ 的模17原根为

$$g_1\equiv 71,56,6,41,61,11,46,11 \pmod{85}$$

模5的原根为 $2,3 \pmod 5$,从而满足 $g_2\equiv 1 \pmod{17}$ 的模5原根为

$$g_2\equiv 52,18 \pmod{85}$$

情形 B4　$p=g_1g_2\equiv \pm 3,\ \pm 7,\ \pm 12,\ \pm 22,\ \pm 23,\ \pm 27,\ \pm 28,\ \pm 37 \pmod{85}$.

当 $p\equiv -37,-28,-23,-22,-12,3,7,27 \pmod{85}$ 时,$-1\notin\langle p\rangle=\{1,3,9,27,-4,-12,-36,-23,16,-37,-26,7,21,-22,19,-28 \pmod{85}\}$.

而当 $p\equiv 37,28,23,22,12,-3,-7,-27 \pmod{85}$ 时,$-1\notin\langle p\rangle=\{1,-3,9,-27,-4,12,-36,23,16,37,-26,-7,21,22,19,28 \pmod{85}\}$.

方程 $85=A^2+B^2,A\equiv 3 \pmod 4$ 有整数解 $(A,B)=(7,\pm 6)$ 和 $(-9,\pm 2)$,对应于2个4次虚循环域 K 使得 $k=\mathbf{Q}(\sqrt{85})\subset K\subset \mathbf{Q}(\zeta_{85})$.

取 $p=3,(m,3(3-1))=1$,可算出 $(b_0,b_1,b_2,b_3)=(6,7,10,9)$,于是 $b=\min\{b_0,b_1,b_2,b_3\}=b_0=6,c=\min\{b_1-b_0,b_3-b_0\}=1$. 方程组(3)为

$$\begin{cases}16\cdot 3^4=M_0^2+85(M_1^2+M_2^2+M_3^2)\\ 2M_0M_2+2AM_1M_3-B(M_1^2-M_3^2)=0\\ M_0+M_1+M_2+M_3\equiv 0 \pmod 4,M_1\equiv M_2\equiv M_3 \pmod 2\\ M_0\equiv 4\cdot 3^{-6} \pmod{17}\end{cases}\tag{25}$$

当 $(A,B)=(7,6)$ 时,方程组(25)没有非平凡整数解,所以 $(A,B)=(-9,2)$. 这时方程组(25)本质上有一组解 $(M_0,M_1,M_2,M_3)=(-19,-3,-1,-1)$. 于是 β 有两个可能的值 α_1 或 α_2,其中

$$-4\alpha_1=19+\sqrt{85}+\mathrm{i}\sqrt{2}(2\sqrt{85-9\sqrt{85}}+\sqrt{85+9\sqrt{85}})$$

$$-4\alpha_1=19+\sqrt{85}+\mathrm{i}\sqrt{2}(2\sqrt{85-9\sqrt{85}}-\sqrt{85+9\sqrt{85}})$$

由于 $\sigma(4\alpha_1)=19-\sqrt{85}+\mathrm{i}\sqrt{2}(2\sqrt{85+9\sqrt{85}}+\sqrt{85-9\sqrt{85}}$,可算出

$$4\alpha_1\cdot\sigma(4\alpha_1)=12(23-7\sqrt{85}+\mathrm{i}\sqrt{6\ 970+322\sqrt{85}}$$

同样可算出

$$4\alpha_2\cdot\sigma(4\alpha_2)=276+60\sqrt{85}+4\mathrm{i}\sqrt{75\ 650-2\ 070\sqrt{85}}$$

由于 $3 \parallel \alpha_1 \cdot \sigma(\alpha_1)$，可知 $\beta = \alpha_1$. 所以对 $\mathbf{F}_{3^{16}}$ 上的 85 阶乘法特征 χ，$\mathbf{F}_{3^{16}}$ 上高斯和 $G(\chi)$ 为下列 4 个值之一

$$-\frac{1}{4}\cdot 3^6(19+\sqrt{85} \pm \mathrm{i}\sqrt{2}(2\sqrt{85-9\sqrt{85}}+\sqrt{85+9\sqrt{85}}))$$

$$-\frac{1}{4}\cdot 3^6(19-\sqrt{85} \pm \mathrm{i}\sqrt{2}(2\sqrt{85+9\sqrt{85}}+\sqrt{85-9\sqrt{85}}))$$

对于 $p=23$，它所生成的 $(\mathbf{Z}/85\mathbf{Z})^*$ 中子群 $\langle 23\rangle$ 与 $\langle 3\rangle$ 不同，因此 $(A,B)=(7,\pm 6)$. 这时 $(m,23(23-1))=1$，$(b_0,b_1,b_2,b_3)=(7,8,9,8)$. 于是 $b=7$，$(c_1,c_2,c_3)=(1,2,1)$. 方程组

$$\begin{cases}16\cdot 23^2 = M_0^2+85(M_1^2+M_2^2+M_3^2)\\ 2M_0M_2+14M_1M_3-6(M_1^2-M_3^2)=0\\ M_0+M_1+M_2+M_3\equiv 0 \pmod 4 \quad M_1\equiv M_2\equiv M_3 \pmod 2\\ M_0\equiv 4\cdot 23^{-7} \pmod{17}\end{cases}$$

本质上有两组解 $(M_0,M_1,M_2,M_3)=(-7,3,9,3)$ 和 $(27,-3,-1,9)$. 从而 β 为以下 $\alpha_1,\alpha_2,\alpha_3$ 之一

$$4\alpha_1=-7+9\sqrt{85}+\mathrm{i}3\sqrt{2}\sqrt{85+7\sqrt{85}}$$

$$4\alpha_2=27-\sqrt{85}+\mathrm{i}\sqrt{2}(-3\sqrt{85+7\sqrt{85}}+6\sqrt{85-7\sqrt{85}})$$

$$4\alpha_3=27-\sqrt{85}-\mathrm{i}\sqrt{2}(3\sqrt{85+7\sqrt{85}}+6\sqrt{85-7\sqrt{85}})$$

经计算可知

$$23 \parallel 4\alpha_3\cdot\sigma(4\alpha_3)=92(7+9\sqrt{85}+3\mathrm{i}\sqrt{170-14\sqrt{85}})$$

于是 $\beta=\alpha_3$. 对于 $\mathbf{F}_{23^{16}}$ 上的 85 阶乘法特征 χ，高斯和 $G(\chi)$ 为下列四者之一

$$\frac{1}{4}\cdot 23^7(27-\sqrt{85} \pm \mathrm{i}\sqrt{2}(3\sqrt{85+7\sqrt{85}}+6\sqrt{85-7\sqrt{85}}))$$

$$\frac{1}{4}\cdot 23^7(27+\sqrt{85} \pm \mathrm{i}\sqrt{2}(3\sqrt{85-7\sqrt{85}}+6\sqrt{85+7\sqrt{85}}))$$

9.2　非循环情形

对于非循环情形，有以下几种情形：

(A) $m=l_1^{r_1}l_2^{r_2}$，$l_1\equiv 3 \pmod 4$（$\varphi(l_1^{r_1})$，$\varphi(l_2^{r_2})$ 为 2 的方幂，$p\equiv g_1^2g_2^2 \pmod m$）

$$\langle p\rangle = \langle g_1^2, g_2^2\rangle \subset (\mathbf{Z}/m\mathbf{Z})^*$$

$$K=\begin{cases}\mathbf{Q}(\sqrt{-l_1},\sqrt{-l_2}) & ,l_2\equiv 3(\bmod 4)\\ \mathbf{Q}(\sqrt{-l_1},\sqrt{-l_1l_2}) & ,l_2\equiv 1(\bmod 4)\end{cases}$$

(B) $m=l_1^{r_1}l_2^{r_2}l_3^{r_3}$, $\varphi(l_i^{r_i})$ $(1\leqslant i\leqslant 3)$ 当中任何两个均没有大于或等于3的奇公因子,并且

(B1) $(l_1,l_2,l_3)\equiv(3,3,1)(\bmod 4)$, $p\equiv g_1g_2g_3(\bmod m)$

$$\langle p\rangle=\langle g_1^2,g_2^2,g_3^2,g_1g_2g_3\rangle\subset(\mathbf{Z}/m\mathbf{Z})^*,K=\mathbf{Q}(\sqrt{-l_1l_3},\sqrt{-l_2l_3})$$

(B2) $l_1\equiv l_2\equiv 3(\bmod 4)$, $p\equiv g_1^2g_2g_3(\bmod m)$

$$\langle p\rangle=\langle g_1^2,g_2^2,g_3^2,g_2g_3\rangle$$

$$K=\begin{cases}\mathbf{Q}(\sqrt{-l_1},\sqrt{-l_1l_2l_3}) & ,l_3\equiv 3(\bmod 4)\\ \mathbf{Q}(\sqrt{-l_1},\sqrt{-l_2l_3}) & ,l_2\equiv 1(\bmod 4)\end{cases}$$

(B3) $l_1\equiv l_2\equiv 3(\bmod 4)$, $p\equiv g_1^2g_2^2g_3(\bmod m)$

$$\langle p\rangle=\langle g_1^2,g_2^2,g_3\rangle\subset(\mathbf{Z}/m\mathbf{Z})^*,K=\mathbf{Q}(\sqrt{-l_1},\sqrt{-l_2})$$

我们的主要结果为:

定理 2(非循环情形) (1)对于上述的非循环情形(A),设χ为$\mathbf{F}_q$的m阶乘法特征,则按照表1左列的3种情形(A1 ~ A3),$\mathbf{F}_q$上高斯和$G(\chi)$的值如表1中所示,其中h_1h_2和h_{12}分别为虚二次域$\mathbf{Q}(\sqrt{-l_1})\mathbf{Q}(\sqrt{-l_2})$和$\mathbf{Q}(\sqrt{-l_1l_2})$的理想类数,而右列表示$G(\chi)$的表达式中整数$A,B,A_1,B_1$所满足的条件.

表 1

分类	$G(\chi)$	条件
(A1) $l_1\equiv 3(\bmod 4)$ $l_2\equiv 3(\bmod 4)$ $\left(\frac{l_1}{l_2}\right)=-1$	$\frac{1}{2}p^{\frac{1}{2}(f-h_2)}(A+B\sqrt{-l_2})$	$4p^{h_2}=A^2+l_2B^2,p\nmid AB$ $A\equiv 2p^{\frac{h_2}{2}-\frac{l_2-1}{4}}\left(\frac{2(a+b\sqrt{-l_1})}{l_2}\right)(\bmod l_2)$ $4p^{h_1}=a^2+l_1b^2,f'=\frac{\varphi(l_1^{r_1})}{2}$ $a\equiv -2p^{\frac{1}{2}(f'+h_1)}(\bmod l_1)$
(A2) $l_1\equiv 3(\bmod 4)$ $l_2\equiv 1(\bmod 4)$ $\left(\frac{l_2}{l_1}\right)=1$	$\frac{1}{2}p^{\frac{f}{2}-\frac{h_{12}}{4}}(A+B\sqrt{-l_1l_2})$	$4p^{\frac{h_{12}}{2}}=A^2+l_1l_2B^2,p\nmid AB$ $A\equiv 2p^{\frac{h_{12}}{4}}(\bmod l_1)$

续表 1

分类	$G(\chi)$	条件
(A3) $l_1\equiv 3\pmod 4$ $l_2\equiv 1\pmod 4$ $\left(\frac{l_2}{l_1}\right)=-1$	$\frac{1}{4}p^{\frac{f}{2}-\frac{h_{12}}{4}-\frac{h_1}{2}}(A_1+B_1\sqrt{-l_1})\cdot(A+B\sqrt{-l_1l_2})$	$4p^{\frac{h_{12}}{2}}=A^2+l_1l_2B^2$ $4p^{h_1}=A_1^2+l_1B_1^2$ $p\nmid ABA_1B_1$ $AA_1\equiv 4g_1^{h_1+\frac{h_{12}}{2}}\pmod{l_1}$

(2) 在非循环情形(B)之下,对于 $\mathbf{F}_q$ 的 m 阶乘法特征χ,按照表 2 左列的各种情形,$\mathbf{F}_q$ 上高斯和 $G(\chi)$ 的值如表 2 中间列所示,其中 A,B,A',B' 是满足表 2 中右列诸条件的整数,$h_{i_1\cdots i_s}$ 表示虚二次域 $\mathbf{Q}(\sqrt{-l_{i_1}\cdots l_{i_s}})$ 的理想类数.

表 2

分类	$G(\chi)$	条件
$(\mathrm{B}_1)(l_1,l_2,l_3)\equiv(3,3,1)\pmod 4$, $p\equiv g_1g_2g_3\pmod m$, $\left(\frac{l_1}{l_2}\right)=1$		
$(\alpha)\left(\frac{l_1}{l_3}\right)=1,\left(\frac{l_2}{l_3}\right)=-1$	$-p^{\frac{f}{2}}$	
$(\beta)\left(\frac{l_1}{l_3}\right)=\left(\frac{l_2}{l_3}\right)=1$	$\frac{1}{2}p^{\frac{1}{2}(f-h_{13})}(A+B\sqrt{-l_1l_2})$	$4p^{h_{13}}=A^2+l_1l_3B^2,p\nmid AB$ $A\equiv -2p^{\frac{h_{13}}{2}}\pmod{l_3}$
$(\gamma)\left(\frac{l_1}{l_3}\right)=\left(\frac{l_2}{l_3}\right)=-1$	$\frac{1}{2}p^{\frac{1}{2}(f-h_{23})}(A+B\sqrt{-l_2l_3})$	$4p^{h_{23}}=A^2+l_2l_3B^2,p\nmid AB$ $A\equiv -2p^{\frac{h_{23}}{2}}\pmod{l_3}$
$(\delta)\left(\frac{l_1}{l_3}\right)=-1,\left(\frac{l_2}{l_3}\right)=1$	$\frac{1}{4}p^{\frac{1}{2}(f-h_{13}-h_{23})}(A+B\cdot\sqrt{-l_1l_3})(A'+B'\sqrt{-l_2l_3})$	$4p^{h_{13}}=A^2+l_1l_3B^2$ $4p^{h_{23}}=A'^2+l_2l_3B'^2$ $p\nmid ABA'B$ $AA'\equiv -4p^{\frac{1}{2}(h_{13}+h_{23})}\pmod{l_3}$
$(\mathrm{B}_2)(l_1,l_2)\equiv(3,3)\pmod 4$, $p\equiv g_1^2g_2g_3\pmod m$		
$(\alpha)l_3\equiv 3\pmod 4$		
$\left(\frac{l_2}{l_1}\right)=\left(\frac{l_3}{l_1}\right)=-1$	$\frac{1}{4}p^{\frac{1}{2}(f-2h_1-h_{123})}(A'+B'\cdot\sqrt{-l_1})(A+B\sqrt{-l_1l_2l_3})$	$4p^{2h_1}=A'^2+l_1B'^2$ $4p^{h_{123}}=A^2+l_1l_2l_3B^2$ $p\nmid ABA'B'$ $AA'\equiv 4p^{h_1+\frac{h_{123}}{2}}\pmod{l_1}$

续表 2

分类	$G(\chi)$	条件
$\left(\frac{l_2}{l_1}\right)=\left(\frac{l_3}{l_1}\right)=-1$	$\frac{1}{2}p^{\frac{1}{2}(f-h_{123})}(A+B\sqrt{-l_1l_2l_3})$	$4p^{h_{123}}=A^2+l_1l_2l_3B^2, p\nmid AB$ $A\equiv 2p^{\frac{h_{123}}{2}}\pmod{l_1}$
$(\beta)l_3\equiv 1\pmod 4$		
$\left(\frac{l_2l_3}{l_1}\right)=-1$	$\left(\frac{2(A+B\sqrt{-l_2l_3})}{l_1}\right)p^{\frac{f}{2}}$	$4p^{h_{23}}=A^2+l_2l_3B^2, p\nmid AB$ $A\equiv 2p^{\frac{h_{23}}{2}}\pmod{l_2}$
$\left(\frac{l_2}{l_1}\right)=\left(\frac{l_3}{l_1}\right)=1$	$\frac{1}{2}p^{\frac{1}{2}(f-h_{23})}(A+B\sqrt{-l_2l_3})$	同上
$\left(\frac{l_2}{l_1}\right)=\left(\frac{l_3}{l_1}\right)=-1$	$\frac{1}{8}p^{\frac{1}{2}(f-2h_{23}-h_1)}(A'+B'\cdot\sqrt{-l_1})^2(A+B\sqrt{-l_2l_3})$	$4p^{h_1}=A'^2+l_1B'^2$ $4p^{h_{23}}=A^2+l_2l_3B'^2$ $p\nmid ABA'B'$ $A\equiv -2p^{\frac{h_{23}}{2}}\pmod{l_2}$
(B3)$(l_1,l_2)\equiv(3,3)\pmod 4, p\equiv g_1^2g_2^2g_3\pmod m, \left(\frac{l_2}{l_1}\right)=1$		
$\left(\frac{l_3}{l_2}\right)=1$	$p^{\frac{f}{2}}$	
$\left(\frac{l_3}{l_2}\right)=-1$	$\frac{1}{4}p^{\frac{f}{2}-h_2}(A+B\sqrt{-l_2})^2$	$4p^{h_2}=A^2+l_2B^2, p\nmid AB$

现在我们证明这个结论.

(1) **情形 A1**：$l_1\equiv l_2\equiv l_3\pmod 4$，$\left(\frac{l_1}{l_2}\right)=-1$. 这时 $K=\mathbf{Q}(\sqrt{-l_1},\sqrt{-l_2})$，伽罗瓦群 $\mathrm{Gal}(K/\mathbf{Q})\cong(\mathbf{Z}/m\mathbf{Z})^*/\langle p\rangle$ 的 4 个元素对应于 $(\mathbf{Z}/m\mathbf{Z})^*$ 对于子群 $\langle p\rangle$ 的 4 个陪集群 $\langle p\rangle$ 的 4 个陪集

$$C_0=\langle p\rangle, C_1=g_1\langle p\rangle, C_2=g_2\langle p\rangle, C_3=g_1g_2\langle p\rangle$$

而 $\mathrm{Gal}(K/\mathbf{Q})=\{1,\sigma,\tau,\sigma\tau\}$，其中 σ 和 τ 由 $\sigma(\zeta_m)=\sigma_m^{g_1}$，$\tau(\zeta_m)=\zeta_m^{g_2}$ 所决定.

由 Stickelberger 定理，存在 p 在 O_K 中的一个素理想因子 P，使得

$$G(\chi)O_K=P^{a_0+a_1\sigma+a_2\tau+a_3\sigma\tau}, pO_K=P^{1+\sigma+\tau+\sigma\tau} \tag{26}$$

其中

$$a_\lambda=\frac{1}{m}\sum_{\substack{x=1\\x\in C_\lambda}}^{m-1}x=\sum_{x\in C_\lambda}\left\{\frac{x}{m}\right\} \tag{27}$$

这里$\{\alpha\}$表示实数α的分数部分.

令$\widetilde{m}=l_1l_2,\tilde{f}=\frac{\varphi(\widetilde{m})}{4}$. 仍以$\langle p\rangle$表示$p$在$(\mathbf{Z}/\widetilde{m}\mathbf{Z})^*$中生成的子群, 则$[(\mathbf{Z}/\widetilde{m}\mathbf{Z})^*:\langle p\rangle]=4$,并且$(\mathbf{Z}/\widetilde{m}\mathbf{Z})^*$对$\langle p\rangle$的 4 个陪集为

$$\widetilde{C_0}=\langle p\rangle,\widetilde{C_1}=g_1\langle p\rangle,\widetilde{C_1}=g_2\langle p\rangle,\widetilde{C_3}=g_1g_2\langle p\rangle$$

引理 4　$a_\lambda=\frac{1}{2}(f-\tilde{f})+b_\lambda$,其中

$$b_\lambda=\frac{1}{\widetilde{m}}\sum_{\substack{z=1\\ z\in\widetilde{C_\lambda}}}^{\widetilde{m}-1}z\quad(0\leqslant\lambda\leqslant3)\tag{28}$$

证明　记$m=t\widetilde{m}$,则$\varphi(m)=t\varphi(\widetilde{m})$,从而$f=t\tilde{f}$. 每个整数$x(0\leqslant x\leqslant m-1)$唯一表示成

$$x=\widetilde{m}y+z\quad(0\leqslant y\leqslant t-1,0\leqslant z\leqslant\widetilde{m}-1)$$

于是

$$\begin{aligned}a_\lambda&=\frac{1}{m}\sum_{\substack{x=0\\ x\in C_\lambda}}^{m-1}x=\frac{1}{m}\sum_{y=0}^{t-1}\sum_{\substack{z=0\\ z\in\widetilde{C_\lambda}}}^{\widetilde{m}-1}(\widetilde{m}y+z)\\&=\frac{1}{m}\left[\widetilde{m}\,|\widetilde{C_\lambda}|\,\frac{t(t-1)}{2}+tb_\lambda\widetilde{m}\right]\\&=\frac{t-1}{2}|\widetilde{C_\lambda}|+b_\lambda\\&=\frac{t-1}{2}\cdot\tilde{f}+b_\lambda\\&=\frac{1}{2}(f-\tilde{f})+b_\lambda\end{aligned}$$

即证.

由引理 4 和(26)可知

$$G(\chi)=p^{\frac{1}{2}(f-\tilde{f})}\widetilde{G}(\chi)$$

其中$\widetilde{G}(\chi)\in O_K$,并且

$$\widetilde{G}(\chi)O_K=P^{b_0+b_1\sigma+b_2\tau+b_3\sigma\tau}\tag{29}$$

而 b_λ 由(28)定义. 由 $|G(\chi)|^2=p^f$ 可知 $|\widetilde{G}(\chi)|^2=p^{\tilde{f}}$.

引理 5 $b_0+b_3=b_1+b_2=\tilde{f}$.

$$b_0+b_1=\begin{cases}\tilde{f}, & \left(\dfrac{l_1}{l_2}\right)=1\\ \tilde{f}-h_2, & \left(\dfrac{l_1}{l_2}\right)=-1\end{cases}$$

证明 由 $\widetilde{G}(\chi)\overline{\widetilde{G}(\chi)}=p^{\tilde{f}}=P^{\tilde{f}(1+\sigma+\tau+\sigma\tau)}$,(29)和

$$\overline{\widetilde{G}(\chi)}O_K=\widetilde{G}(\chi)^{\sigma\tau}O_K=P^{b_0\sigma\tau+b_1\tau+b_2\sigma+b_3}$$

可知 $\tilde{f}(1+\sigma+\tau+\sigma\tau)=(b_0+b_3)(1+\sigma\tau)+(b_1+b_2)(\sigma+\tau)$. 于是 $b_0+b_3=b_1+b_2=\tilde{f}$. 进而,$\widetilde{C_0}\cup\widetilde{C_1}$ 恰好是 $(\mathbf{Z}/l_1l_2\mathbf{Z})^*$ 中模 l_2 的二次剩余全体. 于是

$$\begin{aligned}
b_0+b_1&=\sum_{\substack{x\in(\mathbf{Z}/l_1l_2\mathbf{Z})^*\\ \left(\frac{x}{l_2}\right)=1}}\left\{\frac{z}{l_1l_2}\right\}\quad(\text{令 } x=y+l_2z)\\
&=\sum_{\substack{y=1\\ \left(\frac{y}{l_2}\right)=1}}^{l_2-1}\sum_{\substack{z=0\\ l_2z\not\equiv -y(\mathrm{mod}\ l_1)}}^{l_1-1}\left\{\frac{y+l_2z}{l_1l_2}\right\}\\
&=\sum_{\substack{y=1\\ \left(\frac{y}{l_2}\right)=1}}^{l_2-1}\left(\sum_{x=0}^{l_1-1}\left\{\frac{y+l_2x}{l_1l_2}\right\}-\left\{\frac{y+l_2c_y}{l_1l_2}\right\}\right)\ (\text{其中 } c_y\equiv -l_2^{-1}y(\mathrm{mod}\ l_1))\\
&=\sum_{\substack{y=1\\ \left(\frac{y}{l_2}\right)=1}}^{l_2-1}\frac{1}{l_1l_2}\left(yl_1+\frac{l_1(l_1-1)}{2}l_2\right)-\sum_{\substack{y=1\\ \left(\frac{y}{l_2}\right)=1}}^{l_2-1}\left\{\frac{d_y}{l_2}\right\}\quad(y+l_2c_y=l_1d_y)\\
&=\frac{1}{l_2}\sum_{\substack{y=1\\ \left(\frac{y}{l_2}\right)=1}}^{l_2-1}y+\tilde{f}-\frac{1}{l_2}\sum_{\substack{d=1\\ \left(\frac{d}{l_2}\right)=\left(\frac{l_1}{l_2}\right)}}^{l_2-1}d\quad\left(\text{因}\left(\frac{d_y}{l_2}\right)=\left(\frac{yl_1}{l_2}\right)=\left(\frac{l_1}{l_2}\right)\right)
\end{aligned}$$

当 $\left(\dfrac{l_1}{l_2}\right)=1$ 时上式给出 $b_0+b_1=\tilde{f}$. 而当 $\left(\dfrac{l_1}{l_2}\right)=-1$ 时,由类数公式知

$$b_0+b_1=\tilde{f}+\frac{1}{l_2}\sum_{y=1}^{l_2-1}\left(\frac{y}{l_2}\right)y=\tilde{f}-h_2$$

这就证明了引理 5.

在情形 A1 中已假定$\left(\frac{l_1}{l_2}\right)=-1$,从而由引理 5 可知 $b_0+b_3=b_1+b_2=\tilde{f}$,$b_0+b_1=\tilde{f}-h_2$. 由 $l_1\equiv l_3\equiv 3 \pmod 4$ 和$\left(\frac{l_1}{l_2}\right)=-1$ 可知$\left(\frac{l_2}{l_1}\right)=1$. 再由引理 5(调换 l_1 和 l_2 的位置)可知 $b_0+b_2=\tilde{f}$. 从而

$$b_0=b_1=\frac{\tilde{f}-h_2}{2},b_2=b_3=\frac{\tilde{f}+h_2}{2}$$

$$\widetilde{G}(\chi)O_K=p^{\frac{1}{2}(\tilde{f}-h_2)}P^{h_2(\tau+\sigma\tau)}$$

其中 $P_2=P^{\tau+\sigma\tau}$ 是 p 在 $\mathbf{Q}(\sqrt{-l_2})$ 的整数环中的一个素理想因子. 从而 $P_2^{h_2}$ 是 $\mathbf{Q}(\sqrt{-l_2})$ 中主理想. 它有生成元素$\frac{1}{2}(A+B\sqrt{-l_2})$,其中$(A,B)$是方程

$$4p^{h_2}=A^2+l_2B^2,p\nmid AB$$

的整数解. 于是

$$\widetilde{G}(\chi)=\varepsilon\cdot p^{\frac{1}{2}(\tilde{f}-h_2)}\cdot\frac{1}{2}(A+B\sqrt{-l_2})$$

其中 ε 是 O_K 中的单位. 由于此式两边和它们的共轭元素的绝对值均为 $p^{\frac{\tilde{f}}{2}}$,可知 ε 是 O_K 中的单位根. 由假设 $l_1l_2>3$ 可知 $\varepsilon=\pm 1$. 所以适当选取 A 的符号,可使

$$\widetilde{G}(\chi)=\frac{1}{2}p^{\frac{1}{2}(\tilde{f}-h_2)}(A+B\sqrt{-l_2})$$

从而

$$G(\chi)=\frac{1}{2}p^{\frac{1}{2}(f-h_2)}(A+B\sqrt{-l_2})$$

我们只需再决定 A 的符号.

取 l_2 在 $\mathbf{Q}(\zeta_{mp})$ 中的一个素理想因子 Q,则

$$\begin{aligned}G(\chi)^{l_2^{r_2}}&\equiv\Big(\sum_{x\in\mathbf{F}_q^*}\chi(x)\zeta_p^{T(x)}\Big)^{l_2^{r_2}}\\&\equiv\sum_{x\in\mathbf{F}_q^*}\chi^{l_2^{r_2}}(x)\zeta_p^{l_2^{r_2}T(x)}\pmod Q\end{aligned}$$

$$\equiv \overline{\chi}^{l_2^{r_2}}(l_2^{r_2})\sum_{x\in \mathbf{F}_q^*}\chi^{l_2^{r_2}}(x)\zeta_p^{T(x)}(\bmod Q)$$

其中$\eta=\chi^{l_2^{r_2}}$是$\mathbf{F}_q$的$l_1^{r_1}$次乘法特征，由于$l_2^{r_2}(\in \mathbf{F}_p^*)$的阶为$p-1$的因子，而$(l_1^{r_1}, p-1)=1$，可知$\overline{\chi}^{l_2^{r_2}}(l_2^{r_2})=\overline{\eta}(l_2^{r_2})=1$. 进而，由于$p$模$l_1^{r_1}$的阶为$f'=\dfrac{\varphi(l_1^{r_1})}{2}$，可知存在$\mathbf{F}_{q'}(q'=p^{f'})$上的一个$l_1^{r_1}$次特征$\eta'$，使得$\eta=\eta'\circ N$，其中$N$是$\mathbf{F}_q$到$\mathbf{F}_{q'}$的范映射. 记$G(\eta')$为$\mathbf{F}_{q'}$上的高斯和，D－H公式给出

$$-G(\eta)=(-G(\eta'))^{\frac{f}{f'}}=-G(\eta')^{\frac{\varphi(l_2^{r_2})}{2}}$$

从而

$$\left(\frac{1}{2}p^{\frac{1}{2}(f-h_2)}(A+B\sqrt{-l_2})\right)^{l_2^{r_2}}\equiv G(\chi^{l_2^{r_2}})\equiv G(\eta)\equiv G(\eta')^{\frac{\varphi(l_2^{r_2})}{2}}(\bmod Q)\quad(30)$$

$G(\eta')$的计算归结于指数$[(\mathbf{Z}/l_1^{r_1}\mathbf{Z})^*:\langle p\rangle]=2$的情形

$$G(\eta')=\frac{1}{2}p^{\frac{1}{2}(f'-h_1)}(a+b\sqrt{-l_1})$$

其中整数a和b由$4p^{h_1}=a^2+l_1b^2, a\equiv -2p^{\frac{1}{2}(f'+h_1)}(\bmod l_1)$和$p\nmid ab$所决定. 代入(30)，可知

$$\begin{aligned}\frac{A}{2}p^{\frac{1}{2}(f-h_2)}&\equiv\left(\frac{1}{2}p^{\frac{1}{2}(f'-h_1)}(a+b\sqrt{-l_1})\right)^{\frac{\varphi(l_2^{r_2})}{2}}(\bmod l_2)\\&\equiv\left(\frac{1}{2}p^{\frac{1}{2}(f'-h_1)}(a+b\sqrt{-l_1})\right)^{\frac{l_2-1}{2}}(\bmod l_2)\end{aligned}$$

其中$\sqrt{-l_1}\in \mathbf{F}_{l_2}\left(由于\left(\dfrac{-l_1}{l_2}\right)=1\right)$. 由于$f'$和$h_1$均为奇数而$p\equiv g_2^2(\bmod l_2)$，可知$p^{\frac{1}{2}(f'-h_1)\frac{l_2-1}{2}}\equiv 1(\bmod l_2)$. 而$p^{\frac{1}{2}(f-h_2)}\equiv p^{\frac{l_2-1}{4}-\frac{h_2}{2}}(\bmod l_2)$. 从而

$$\begin{aligned}A&\equiv 2p^{\frac{h_2}{2}-\frac{l_2-1}{4}}\left(\frac{2(a+b\sqrt{-l_1})}{l_2}\right)(\bmod l_2)\\&\equiv -2g_2^{h_2}\left(\frac{2(a+b\sqrt{-l_1})}{l_2}\right)(\bmod l_2)(因为p\equiv g_2^2(\bmod l_2))\end{aligned}$$

这里$\left(\dfrac{2(a+b\sqrt{-l_1})}{l_2}\right)$是勒让德(Legendre)符号. 这就完成了情形A1的证明.

情形 A2 和情形 A3：$(l_1,l_2)=(3,1)\pmod 4$，$K=\mathbf{Q}(\sqrt{-l_1},\sqrt{-l_1l_2})$.

可以像情形 A1 一样得到

$$G(\chi)=p^{\frac{1}{2}(f-\tilde{f})}\tilde{G}(\chi),\tilde{G}(\chi)\in O_K,\tilde{f}=\frac{\varphi(l_1l_2)}{4}$$

$$\tilde{G}(\chi)O_K=P^{b_0+b_1\sigma+b_2\tau+b_3\sigma\tau}$$

其中 σ,τ,b_λ 的定义如情形 A1，但这时 $\overline{\tilde{G}(\chi)}=\tilde{G}(\chi)^\sigma$，因此 $b_0+b_1=b_2+b_3=\tilde{f}$. 由类数公式可知 $b_0+b_3-b_1-b_2=-h_{12}$，因此 $b_0+b_3=\tilde{f}-\frac{h_{12}}{2},b_1+b_2=\tilde{f}+\frac{h_{12}}{2}$. 进而，可以像引理5一样证得

$$b_0+b_2=\begin{cases}\tilde{f}, & \left(\frac{l_2}{l_1}\right)=1\\ \tilde{f}-h_1, & \left(\frac{l_2}{l_1}\right)=-1\end{cases}\tag{31}$$

对于情形(A2)，$\left(\frac{l_2}{l_1}\right)=1$. 这时 $b_1=b_2=\frac{\tilde{f}}{2}+\frac{h_{12}}{4},b_0=b_3=\frac{\tilde{f}}{2}-\frac{h_{12}}{4}$. 由 $l_2\equiv 1\pmod 4$ 可知 $2\mid\tilde{f}$，从而 $4\mid h_{12}$，于是

$$\tilde{G}(\chi)=p^{\frac{\tilde{f}}{2}-\frac{h_{12}}{4}}P^{\frac{h_{12}}{2}(\sigma+\tau)}=p^{\frac{\tilde{f}}{2}-\frac{h_{12}}{4}}P_{12}^{\frac{h_{12}}{2}}\tag{32}$$

其中 $P_{12}=P^{\sigma+\tau}$ 是 p 在 $\mathbf{Q}(\sqrt{-l_1l_2})$ 的整数环中的一个整理想.

令 $\alpha=\tilde{G}(\chi)p^{\frac{h_{12}}{4}-\frac{\tilde{f}}{2}}$，由(32)知 $\alpha\in O_K$ 并且 $\alpha O_K=P_{12}^{\frac{h_{12}}{2}}$.

引理6 $\alpha\in\mathbf{Q}(\sqrt{-l_1l_2})$.

证明 熟知 $K=\mathbf{Q}(\sqrt{-l_1},\sqrt{l_2})$ 有整基 $\{\omega,\sigma(\omega),\tau(\omega),\sigma\tau(\omega)\}$，其中

$$\omega=\frac{1}{4}(1+\sqrt{-l_1})(1+\sqrt{l_2}),\sigma(\omega)=\frac{1}{4}(1-\sqrt{-l_1})(1+\sqrt{l_2})$$

$$\tau(\omega)=\frac{1}{4}(1+\sqrt{-l_1})(1-\sqrt{l_2}),\sigma\tau(\omega)=\frac{1}{4}(1-\sqrt{-l_1})(1-\sqrt{l_2})$$

于是

$$\alpha=X\omega+Y\sigma(\omega)+Z\tau(\omega)+W\sigma\tau(\omega)\quad(X,Y,Z,W\in\mathbf{Z})$$

由 $(\alpha)=P_{12}^{\frac{h_{12}}{2}}$ 可知 $\alpha\bar{\alpha}=p^{\frac{h_{12}}{2}}$，$(\sigma\tau(\alpha))=(\alpha)$. 于是 $\alpha=\pm\sigma\tau(\alpha)$，而

$$\sigma\tau(\alpha)=X\sigma\tau(\omega)+Y\tau(\omega)+Z\sigma(\omega)+W\omega$$

如果 $\alpha=-\sigma\tau(\alpha)$,那么 $X=-W,Y=-Z$,于是

$$\alpha=X(\omega-\sigma\tau(\omega))+Y(\sigma(\omega)-\tau(\omega))=\frac{X+Y}{2}\sqrt{l_2}+\frac{X-Y}{2}\sqrt{-l_1}$$

而 $G(\chi)=p^{\frac{f}{2}-\frac{h_{12}}{4}}\alpha$. 采用情形 A1 中的方法

$$G(\chi)^{l_1^{r_1}}\equiv G(\chi^{l_1^{r_1}})=G(\eta')^{\frac{\varphi(l_1^{r_1})}{2}}\quad(\bmod\sqrt{-l_1})$$

其中 $G(\eta')$ 是 $\mathbf{F}_{q'}(q'=p^{f'},f'=\dfrac{\varphi(l_2^{r_2})}{2})$ 上的高斯和,η' 是 $\mathbf{F}_{q'}$ 的$l_2^{r_2}$ 阶乘法特征.

由于 $l_2\equiv1(\bmod 4)$,$\sqrt{q'}\in\mathbf{Z}$ 并且 $\sqrt{q'}=p^{\frac{\varphi(l_2^{r_2})}{4}}\equiv g_2^{\frac{\varphi(l_2^{r_2})}{2}}\equiv-1(\bmod l_2^{r_2})$,$G(\eta')=p^{\frac{\varphi(l_2^{r_2})}{4}}$,于是

$$G(\chi)^{l_1^{r_1}}\equiv p^{\frac{f}{2}}\quad(\bmod\sqrt{-l_1})\tag{33}$$

同样地,对于 $G(\chi)^{\tau}=p^{\frac{f}{2}-\frac{h_{12}}{4}}\tau(\alpha)$ 也有 $(G(\chi)^{\tau})^{l_1^{r_1}}\equiv p^{\frac{f}{2}}(\bmod\sqrt{-l_1})$. 因此 $G(\chi)^{l_1^{r_1}}\equiv(G(\chi)^{\tau})^{l_1^{r_1}}(\bmod\sqrt{-l_1})$. 但是 $\tau(\alpha)=-\dfrac{X+Y}{2}\sqrt{l_2}+\dfrac{X+Y}{2}\sqrt{-l_1}$,从而给出 $-\dfrac{X+Y}{2}\sqrt{l_2}\equiv\dfrac{X+Y}{2}\sqrt{l_2}(\bmod\sqrt{-l_1})$. 由此得到 $\dfrac{X+Y}{2}\equiv0(\bmod\sqrt{-l_1})$. 这给出 $G(\chi)=p^{\frac{f}{2}-\frac{h_{12}}{4}}\alpha\equiv0(\bmod\sqrt{-l_1})$,但这是不可能的,因为 $G(\chi)\overline{G(\chi)}=p^{f}$. 这表明 $\alpha\neq-\sigma\tau(\alpha)$,于是 $\alpha=\sigma\tau(\alpha)$,即 $\alpha\in\mathbf{Q}(\sqrt{-l_1l_2})$. 即证.

根据引理 6,$G(\chi)=p^{\frac{f}{2}-\frac{h_{12}}{4}}\alpha$,其中 $\alpha\in\mathbf{Q}(\sqrt{-l_1l_2})$,$(\alpha)=P_{12}^{\frac{h_{12}}{2}}$,于是 $\alpha=\dfrac{1}{2}(A+B\sqrt{-l_1l_2})$,其中 $A,B\in\mathbf{Z}$,$4p^{\frac{h_{12}}{2}}=A^2+l_1l_2B^2$,而 A 的符号由(33)所决定. 因此

$$p^{\frac{f}{2}}\equiv(p^{\frac{f}{2}-\frac{h_{12}}{4}}\alpha)^{l_1^{r_1}}\equiv\left(\frac{1}{2}p^{\frac{f}{2}-\frac{h_{12}}{4}}A\right)^{l_1^{r_1}}=\frac{1}{2}p^{\frac{f}{2}-\frac{h_{12}}{4}}A\quad(\bmod\sqrt{-l_1})$$

即 $A\equiv2p^{\frac{h_{12}}{4}}(\bmod l_1)$.

对于情形 A3,$\left(\dfrac{l_2}{l_1}\right)=-1$. 这时

$$b_0+b_1=\tilde{f},b_0+b_3=\tilde{f}-\frac{h_{12}}{2},b_1+b_2=\tilde{f}+\frac{h_{12}}{2}$$

由(31)，$b_0+b_2=\tilde{f}-h_1$. 由此得到

$$b_0=\frac{\tilde{f}}{2}-\frac{h_{12}}{4}-\frac{h_1}{2},b_1=\frac{\tilde{f}}{2}+\frac{h_{12}}{4}+\frac{h_1}{2}$$

$$b_2=\frac{\tilde{f}}{2}+\frac{h_{12}}{4}-\frac{h_1}{2},b_3=\frac{\tilde{f}}{2}-\frac{h_{12}}{4}+\frac{h_1}{2}$$

于是

$$\widetilde{G}(\chi)p^{-b_0}O_K=P^{\frac{h_{12}}{2}(\sigma+\tau)}P^{h_1(\sigma+\sigma\tau)} \tag{34}$$

$P^{(\sigma+\sigma\tau)}$ 是 p 在 $\mathbf{Q}(\sqrt{-l_1})$ 的整数环中的整理想因子，于是 $P^{h_1(\sigma+\sigma\tau)}=\left(\frac{A_1+B_1\sqrt{-l_1}}{2}\right)$，其中整数 A_1,B_1 满足 $4p^{h_1}=A_1^2+l_1B_1^2,p\nmid A_1B_1$. 再由(34)知 $P^{\frac{h_{12}}{2}(\sigma+\tau)}$ 是 O_K 中的主理想. 设它由 $\alpha\in O_K$ 生成. 则

$$\widetilde{G}(\chi)=p^{b_0}\alpha\frac{A_1+B_1\sqrt{-l_1}}{2}$$

其中 $\alpha\overline{\alpha}=p^{\frac{h_{12}}{2}}$. 可以像情形 A2 一样证明 $\alpha=\pm\sigma\tau(\alpha)$. 如果 $\alpha=-\sigma\tau(\alpha)$，那么 $\alpha=\frac{X-Y}{2}\sqrt{l_2}+\frac{X-Y}{2}\sqrt{-l_1}$，从而 $p^{\frac{h_{12}}{2}}=\left(\frac{X-Y}{2}\right)^2l_2+\left(\frac{X+Y}{2}\right)^2l_1$. 由 $p\equiv g_1^2(\bmod\ l_1)$ 可知$\left(\frac{l_2}{l_1}\right)=1$，这与假设$\left(\frac{l_2}{l_1}\right)=-1$ 相矛盾. 因此 $\alpha=\sigma\tau(\alpha)$，即 $\alpha\in\mathbf{Q}(\sqrt{-l_1l_2})$. 于是 $\alpha=\frac{A+B\sqrt{-l_1l_2}}{2}$，其中整数 A 和 B 满足 $4p^{\frac{h_{12}}{2}}=A^2+l_1l_2B^2$，$p\nmid AB$. 由此即知

$$G(\chi)=\frac{1}{4}p^{\frac{f}{2}-\frac{h_{12}}{4}-\frac{h_1}{2}}(A_1+B_1\sqrt{-l_1})(A+B\sqrt{-l_1l_2})$$

我们还需决定 $G(\chi)$ 的符号. 与情形 A2 类似地有

$$\frac{1}{4}p^{\frac{f}{2}-\frac{h_{12}}{4}-\frac{h_1}{2}}AA_1\equiv G(\chi)\equiv G(\chi)^{l_1^{r_1}}\equiv G(\chi^{l_1^{r_1}})\equiv p^{\frac{f}{2}}\quad(\bmod\sqrt{-l_1})$$

因此 $AA_1\equiv 4p^{\frac{h_{12}}{4}+\frac{h_1}{2}}\equiv 4g^{h_1+\frac{h_{12}}{2}}(\bmod\ l_1)$. 这就完成了定理 2(1) 的证明.

(2) 情形B1:这时$(l_1,l_2,l_3)\equiv(3,3,1)\pmod 4$,$p\equiv g_1g_2g_3\pmod m$,$\left(\frac{l_1}{l_2}\right)=1$,$\langle p\rangle=\langle g_1^2,g_2^2,g_3^2,g_1g_2g_3\rangle\subset(\mathbf{Z}/m\mathbf{Z})^*$,$K=\mathbf{Q}(\sqrt{-l_1l_3},\sqrt{-l_2l_3})$. 和定理2(1)的证明一样,我们有

$$G(\chi)=p^{\frac{f}{2}-\frac{\tilde f}{2}}\widetilde G(\chi),\tilde f=\frac{\varphi(l_1l_2l_3)}{4}$$

$$\widetilde G(\chi)O_K=P^{b_0+b_1\sigma+b_2\tau+b_3\sigma\tau}$$

其中P是p在O_K中的一个素理想因子,σ和τ是由$g_1\langle p\rangle$和$g_2\langle p\rangle$决定的$\mathrm{Gal}(K/\mathbf{Q})\cong(\mathbf{Z}/m\mathbf{Z})^*/\langle p\rangle$中元素,而$b_\lambda(0\leqslant\lambda\leqslant 3)$仍由引理4中的(28)给出($\widetilde m=l_1l_2l_3$, $\widetilde{C_0}$, $\widetilde{C_1}$, $\widetilde{C_2}$, $\widetilde{C_3}$分别为$(\mathbf{Z}/m\mathbf{Z})^*$的陪集$\langle p\rangle$,$g_1\langle p\rangle$,$g_2\langle p\rangle$,$g_1g_2\langle p\rangle$).

由于$\sigma\tau$为K的复共轭自同构,可知$b_0+b_3=b_1+b_2=\tilde f$. 可以像引理5一样证得

$$b_0+b_2=\begin{cases}\tilde f-h_{13}, & \left(\frac{l_2}{l_1l_3}\right)=-1\left(\text{即}\left(\frac{l_2}{l_3}\right)=1\right)\\ \tilde f, & \left(\frac{l_2}{l_1l_3}\right)=1\left(\text{即}\left(\frac{l_2}{l_3}\right)=-1\right)\end{cases}$$

$$b_0+b_1=\begin{cases}\tilde f-h_{23}, & \left(\frac{l_1}{l_2l_3}\right)=-1\left(\text{即}\left(\frac{l_1}{l_3}\right)=-1\right)\\ \tilde f, & \left(\frac{l_1}{l_2l_3}\right)=1\left(\text{即}\left(\frac{l_1}{l_3}\right)=1\right)\end{cases}$$

(α) 若$\left(\frac{l_1}{l_3}\right)=1$,$\left(\frac{l_2}{l_3}\right)=-1$,则$b_0=b_1=b_2=b_3=\frac{\tilde f}{2}$,从而$G(\chi)=\varepsilon p^{\frac{f}{2}}(\varepsilon=\pm1)$. 由于

$$\varepsilon p^{\frac{f}{2}}\equiv G(\chi)^{l_3^{r_3}}\equiv -G(\chi')^{\frac{\varphi(l_3^{r_3})}{2}}\quad(\bmod\sqrt{-l_3})$$

其中$G(X')$是$\mathbf{F}_{q'}(q'=p^{f'},f'=\frac{1}{2}\varphi(l_1^{r_1}l_2^{r_2}))$上的$l_1^{r_1}l_2^{r_2}$次高斯和. 由$\sqrt{q'}\equiv(g_1g_2)^{\frac{1}{4}\varphi(l_1^{r_1}l_2^{r_2})}\equiv-1(\bmod l_1^{r_1}l_2^{r_2})$,$G(\chi')=\sqrt{q'}$. 于是

$$\varepsilon p^{\frac{f}{2}} \equiv -q'^{\frac{1}{4}\varphi(l_3^{r_3})} \equiv -p^{\frac{1}{8}\varphi(m)} \equiv -p^{\frac{f}{2}} \pmod{l_3}$$

从而 $\varepsilon=-1$，即 $G(\chi)=-p^{\frac{f}{2}}$.

(β) 若 $\left(\frac{l_1}{l_3}\right)=\left(\frac{l_2}{l_3}\right)=1$，则 $b_0=b_2=\frac{1}{2}(\tilde{f}-h_{13})$，$b_1=b_3=\frac{1}{2}(\tilde{f}+h_{13})$，从而

$$\widetilde{G}(\chi)O_K=p^{\frac{1}{2}(\tilde{f}-h_{13})}P^{\sigma(1+\tau)h_{13}}$$

于是

$$G(\chi)=\frac{1}{2}p^{\frac{1}{2}(f-h_{13})}(A+B\sqrt{-l_1l_3})$$

其中整数 A 和 B 满足 $4p^{h_{13}}=A^2+l_1l_3B^2$，$p\nmid AB$. 考虑 $G(\chi)^{l_3^{r_3}}(\bmod\sqrt{-l_3})$ 可推出 $A\equiv -2p^{\frac{h_{13}}{2}} \pmod{l_3}$.

(γ) 若 $\left(\frac{l_1}{l_3}\right)=\left(\frac{l_2}{l_3}\right)=-1$，则 $b_0=b_1=\frac{1}{2}(\tilde{f}-h_{23})$，$b_2=b_3=\frac{1}{2}(\tilde{f}+h_{23})$. 然后证明与(β)类似.

(δ) 若 $\left(\frac{l_1}{l_3}\right)=-1$，$\left(\frac{l_2}{l_3}\right)=1$，这时

$$\widetilde{G}(\chi)O_K=p^{\frac{1}{2}(\tilde{f}-h_{13}-h_{23})}P^{\sigma(1+\tau)h_{13}+\tau(1+\sigma)h_{23}}$$

于是

$$G(\chi)=\frac{1}{4}p^{\frac{1}{2}(f-h_{13}-h_{23})}(A+B\sqrt{-l_1l_3})(A'+B'\sqrt{-l_2l_3})$$

其中整数 A,B,A',B' 满足 $4p^{h_{13}}=A^2+l_1l_3B^2$，$4p^{h_{23}}=A'^2+l_2l_3B'^2$，$p\nmid ABA'B'$. 考虑 $G(\chi)^{l_3^{r_3}}(\bmod\sqrt{-l_3})$ 可推出 $AA'\equiv -4p^{\frac{1}{2}(h_{13}+h_{23})}\pmod{l_3}$.

情形B2　这时 $l_1\equiv l_2\equiv 3 \pmod 4$，$m=l_1^{r_1}l_2^{r_2}l_3^{r_3}$，$p\equiv g_1^2g_2g_3 \pmod m$，$\langle p\rangle=\langle g_1^2, g_2^2, g_3^2, g_2g_3\rangle$.

情形(α). $l_3\equiv 3 \pmod 4$，这时 $K=\mathbf{Q}(\sqrt{-l_1},\sqrt{-l_1l_2l_3})$. σ 为 K 的复共轭自同构，从而 $b_0+b_1=b_2+b_3=\tilde{f}=\frac{\varphi(l_1l_2l_3)}{4}$. 可以像引理 5 一样证得

$$b_0+b_3=\tilde{f}-h_{123},\ b_0+b_2=\begin{cases}\tilde{f}-2h_1, & \left(\frac{l_2}{l_1}\right)=\left(\frac{l_3}{l_1}\right)=-1\\ \tilde{f}, & \text{否则}\end{cases}$$

若$\left(\frac{l_2}{l_1}\right)=\left(\frac{l_3}{l_1}\right)=-1$,则$b_0=\frac{\tilde{f}}{2}-h_1-\frac{h_{123}}{2}$,$b_2=\frac{\tilde{f}}{2}-h_1+\frac{h_{123}}{2}$,$b_1=\frac{\tilde{f}}{2}+h_1+\frac{h_{123}}{2}$,$b_3=\frac{\tilde{f}}{2}+h_1-\frac{h_{123}}{2}$. 如果$\left(\frac{l_2}{l_1}\right)=\left(\frac{l_3}{l_1}\right)=-1$不成立,则$b_0=b_3=\frac{\tilde{f}-h_{123}}{2}$,$b_1=b_2=\frac{\tilde{f}+h_{123}}{2}$. 然后类似计算即得表 2 中结果.

情形(β). $l_3\equiv 1(\bmod 4)$. 这时

$$K=\mathbf{Q}(\sqrt{-l_1},\sqrt{-l_2l_3}),\widetilde{G}(\chi)O_K=P^{b_0+b_1\sigma+b_2\tau+b_3\sigma\tau}$$

其中

$$b_0+b_3=b_1+b_2=\tilde{f}$$

$$b_0+b_1=\begin{cases}\tilde{f}-h_{23}, & \left(\frac{l_1}{l_2l_3}\right)=-1\\ \tilde{f}, & \text{否则}\end{cases}$$

$$b_0+b_2=\begin{cases}\tilde{f}-2h_1, & \left(\frac{l_2}{l_1}\right)=\left(\frac{l_3}{l_1}\right)=-1\\ \tilde{f}, & \text{否则}\end{cases}$$

若$\left(\frac{l_2l_3}{l_1}\right)=-1$,则$b_0=b_1=b_2=b_3=\frac{\tilde{f}}{2}$,$G(\chi)=\varepsilon p^{\frac{f}{2}}(\varepsilon=\pm 1)$. 我们有

$$\varepsilon p^{\frac{f}{2}}\equiv G(\chi)^{l_1^{r_1}}\equiv G(\chi')^{\frac{\varphi(l_1^{r_1})}{2}}(\bmod\sqrt{-l_1})$$

其中$G(\chi')$是$\mathbf{F}_{q'}\left(q'=p^{f'},f'=\frac{\varphi(l_2^{r_2}l_3^{r_3})}{2}\right)$上的$l_2^{r_2}l_3^{r_3}$次高斯和.

$$G(\chi')=\frac{1}{2}p^{\frac{1}{2}(f'-h_{23})}(A+B\sqrt{-l_2l_3})$$

其中

$$4p^{h_{23}}=A^2+l_2l_3B^2,A\equiv 2p^{\frac{h_{23}}{2}}(\bmod l_2)$$

于是(由于$p\equiv g_1^2(\bmod l_1)$)

$$\varepsilon p^{\frac{f}{2}} \equiv p^{\frac{f}{2}-\frac{\varphi(l_1^{r_1})}{4}h_{23}}\left(\frac{A+B\sqrt{-l_2l_3}}{2}\right)^{\frac{\varphi(l_1^{r_1})}{2}} (\bmod \sqrt{l_1})$$

$$\equiv p^{\frac{f}{2}}\left(\frac{2(A+B\sqrt{-l_2l_3})}{l_1}\right) (\bmod l_1)$$

于是 $\varepsilon = \left(\frac{2(A+B\sqrt{-l_2l_3})}{l_1}\right)$（这是勒让德符号，注意 $\sqrt{-l_2l_3} \in \mathbf{F}_{l_1}$）.

若 $\left(\frac{l_2}{l_1}\right)=\left(\frac{l_3}{l_1}\right)=1$，则

$$b_0=b_1=\frac{\tilde{f}-h_{23}}{2}, b_2=b_3=\frac{\tilde{f}+h_{23}}{2}$$

$$\widetilde{G}(\chi)O_K=p^{\frac{\tilde{f}-h_{23}}{2}}P^{\tau(1+\sigma)h_{23}}$$

$$G(\chi)=\frac{1}{2}p^{\frac{f-h_{23}}{2}}(A+B\sqrt{-l_2l_3})$$

考虑 $G(\chi)^{l_3^{r_3}} (\bmod \sqrt{-l_3})$ 可得 $A \equiv 2p^{\frac{h_{23}}{2}} (\bmod l_3)$.

如果 $\left(\frac{l_2}{l_1}\right)=\left(\frac{l_3}{l_1}\right)=-1$，这时

$$b_0=\frac{\tilde{f}}{2}-\frac{h_{23}}{2}-h_1, b_3=\frac{\tilde{f}}{2}+\frac{h_{23}}{2}+h_1$$

$$b_1=\frac{\tilde{f}}{2}-\frac{h_{23}}{2}+h_1, b_2=\frac{\tilde{f}}{2}+\frac{h_{23}}{2}-h_1$$

$$\widetilde{G}(\chi)O_K=p^{\frac{1}{2}(\tilde{f}-h_{23}-2h_1)}P^{2\sigma(1+\tau)h_1+\tau(1+\sigma)h_{23}}$$

$$G(\chi)=\frac{1}{8}p^{\frac{1}{2}(f-h_{23}-2h_1)}(A'+B'\sqrt{-l_1})^2(A+B\sqrt{-l_2l_3})$$

其中 A,B,A',B' 满足表 2 中条件，考虑 $G(\chi)^{l_2^{r_2}} (\bmod \sqrt{-l_2})$ 得到

$$\frac{A}{8}\cdot p^{\frac{1}{2}(f-h_{23}-2h_1)}(A'+B'\sqrt{-l_1})^{2l_2^{r_2}} \equiv G(\chi)^{l_2^{r_2}} = G(\chi')^{\frac{\varphi(l_2^{r_2})}{2}} (\bmod \sqrt{-l_2})$$

其中 $G(\chi')$ 是 $\mathbf{F}_{q'}\left(q'=p^{f'}, f'=\frac{\varphi(l_1^{r_1}l_3^{r_3})}{2}\right)$ 上的 $l_1^{r_1}l_3^{r_3}$ 次高斯和

$$G(\chi')=\frac{1}{4}p^{\frac{f'}{2}-h_1}(A_1+B_1\sqrt{-l_1})^2\quad(4p^{h_1}=A_1^2+l_1B_1^2)$$

因此

$$A\equiv-8p^{\frac{h_{23}}{2}+h_1}(A_1+B_1\sqrt{-l_1})^{\varphi(l_2^{r_2})-2l_2^{r_2}}(\bmod l_2)$$

由$\left(\frac{-l_1}{l_2}\right)=-1$知$\mathbf{F}_{l_2}(\sqrt{-l_1})=\mathbf{F}_{l_2^2}$，于是$(\sqrt{-l_1})^{l_2}=-\sqrt{-l_1}$. 因此在$\mathbf{F}_{l_2^2}$中

$$\begin{aligned}(A_1+B_1\sqrt{-l_1})^{\varphi(l_2^{r_2})-2l_2^{r_2}}&=(A_1+B_1\sqrt{-l_1})^{l_2^{r_2-1}(-l_2-1)}\\&=((A_1+B_1\sqrt{-l_1})(A_1-B_1\sqrt{-l_1}))^{-l_2^{r_2-1}}\\&=(4p^{h_1})^{-l_2^{r_2-1}}\end{aligned}$$

于是
$$A\equiv-8p^{\frac{h_{23}}{2}+h_1}(4p^{h_1})^{-1}\equiv-2p^{\frac{h_{23}}{2}}(\bmod l_2)$$

情形 B3 这时$l_1\equiv l_2\equiv3(\bmod 4)$，$m=l_1^{r_1}l_2^{r_2}l_3^{r_3}$，$p\equiv g_1^2g_2^2g_3(\bmod m)$

$$\langle p\rangle=\langle g_1^2,g_2^2,g_3\rangle,K=\mathbf{Q}(\sqrt{-l_1},\sqrt{-l_2}),\left(\frac{l_2}{l_1}\right)=1$$

$$G(\chi)=p^{\frac{1}{2}(f-\tilde{f})}\widetilde{G}(\chi),\widetilde{G}(\chi)O_K=P^{b_0+b_1\sigma+b_2\tau+b_3\sigma\tau}$$

$$b_0+b_3=b_1+b_2=b_0+b_2=b_1+b_3=\tilde{f}=\frac{\varphi(l_1l_2l_3)}{4}$$

$$b_0+b_1=\begin{cases}\tilde{f}-2h_2, & \left(\frac{l_1}{l_2}\right)=\left(\frac{l_3}{l_2}\right)=-1\\ \tilde{f}, & \text{否则}\end{cases}$$

若$\left(\frac{l_3}{l_2}\right)=1$，则

$$b_0=b_1=b_2=b_3=\frac{\tilde{f}}{2}$$

$$G(\chi)=\varepsilon p^{\frac{f}{2}}\quad(\varepsilon=\pm1)$$

考虑$G(\chi)^{l_1^{r_1}}(\bmod\sqrt{-l_1})$可知$\varepsilon=1$.

若$\left(\frac{l_3}{l_2}\right)=-1$，则

$$b_0 = b_1 = \frac{\tilde{f}}{2} - h_2, b_2 = b_3 = \frac{\tilde{f}}{2} + h_2$$

于是

$$\widetilde{G}(\chi) O_K = p^{\frac{\tilde{f}}{2} - h_2} P^{\tau(1+\sigma)2h_2}$$

$$G(\chi) = \frac{\varepsilon}{4} p^{\frac{f}{2} - h_2} (A + B\sqrt{-l_2})^2 \quad (\varepsilon = \pm 1)$$

其中 $4p^{h_2} = A^2 + l_2 B^2, p \nmid A_2 B_2$. 由于

$$\varepsilon p^{\frac{f}{2} - h_2} \left(\frac{A + B\sqrt{-l_2}}{2} \right)^{2l_1^{r_1}} = G(\chi)^{l_1^{r_1}} \equiv G(\chi')^{\frac{\varphi(l_1^{r_1})}{2}} (\bmod \sqrt{-l_1})$$

其中 $G(\chi')$ 是 $\mathbf{F}_{q'}\left(q' = p^{f'}, f' = \frac{\varphi(l_2^{r_2} l_3^{r_3})}{2} \right)$ 上的 $l_2^{r_2} l_3^{r_3}$ 次高斯和

$$G(\chi') = \frac{1}{4} p^{\frac{f'}{2}} (A + B\sqrt{-l_2})^2$$

因此

$$\varepsilon p^{\frac{f}{2} - h_2} \equiv p^{\frac{f}{2}} \left(\frac{A + B\sqrt{-l_2}}{2} \right)^{\varphi(l_1^{r_1}) - 2l_1^{r_1}} (\bmod l_1)$$

由 $\mathbf{F}_{l_1}(\sqrt{-l_2}) = \mathbf{F}_{l_1^2}(\sqrt{-l_2})^{l_1} = -\sqrt{-l_2}$, 可知

$$\begin{aligned} \varepsilon &\equiv 4p^{h_2}(A + B\sqrt{-l_2})^{-(l_1+1)} \\ &= 4p^{h_2}[(A + B\sqrt{-l_2})(A - B\sqrt{-l_2})]^{-1} \\ &\equiv 1 (\bmod l_1) \end{aligned}$$

所以 $\varepsilon = 1$. 这就完成了定理 2(2) 的证明.

代数数论中的现代分圆域理论

第 10 章

10.1 p - adic 分析,p - adic L - 函数和 p - adic ζ - 函数

19 世纪中期库默尔(Kummer)在研究费马(Fermat)猜想的过程中对分圆域的整数环、理想类数和单位群做了一些奠基性的工作. 到了 20 世纪以后数学家们对分圆域的研究主要是对阿贝尔(Abel)域的类群结构和类数公式进行分析,最具有代表性的工作是哈塞(Hasse)于 20 世纪 20 年代所写的著作《Abel 域类数》,自此以后关于分圆域的研究中逐渐产生了一系列新的方法并得到了许多重要的结果,当然也提出了许多新的数学猜想. 而在分圆域理论中使用p-adic 分析方法构造出p-adic L - 函数和ζ - 函数,用有限群表示论研究类群和单位群的伽罗瓦模结构,研究类群和单位群在一系列数域扩张,比如$\mathbf{Z}_p$ - 扩张中的性质以及p-adic 分布和测度的理论. 这些在分圆域理论中所使用的工具和研究方法对数论的一些分支,如模形式和椭圆曲线的算术理论产生了重要的影响. 我们将分成 3 个小节来介绍分圆域理想,10.1 和 10.2 小节重点介绍构造p-adic ζ - 函数和 L - 函数的p-adic 分析方法,10.3 小节重点讨论有限群表示理论在分圆域研究中的应用.

一方面,亨泽尔(Hensel)已经在 20 世纪初建立了 p-adic 数和赋值的相关理论. 这使得局部域理论、局部整体原则和数论与代数几何融合在一起. 另一方面,p-adic 分析工具也像实分析那样随着“极限、连续、微分、积分”这样的路径建立起来. 故我们需要选择同时适合代数学和分析学的空间进行研究,一般取复数域 $\mathbf{C}$,毕竟它是 $\mathbf{Q}$ 对实拓扑完备化域 $\mathbf{R}$ 的代数闭包,而对p-adic 拓扑则类似地取 $\mathbf{Q}$ 对 p-adic 拓扑的完备化域 $\mathbf{Q}_p$ 的代数闭包 $\mathbf{Q}_p^{ac}$ 后才发现 $\mathbf{Q}_p^{ac}$ 对

p-adic 拓扑不完备，于是再取 $\mathbf{Q}_p^{ac}$ 的拓扑完备化域 $\mathbf{C}_p$ 后才得到了 $\mathbf{C}_p$ 是代数闭域，因此 $\mathbf{C}_p$ 就是我们要求的同时适合代数学和分析学的空间，其中 $\mathbf{Q}$ 上的 p-adic 赋值 $|\cdot|_p$ 和 p-adic 指数赋值 v_p 到 $\mathbf{C}_p$ 上有唯一扩充，故仍分别表示为 $|\cdot|_p$ 和 v_p，例如 $v_p(p)=1$ 和 $v_p(\sqrt{p})=\dfrac{1}{2}$，从而 $|\alpha|_p=p^{-\mu_p(\alpha)}$.

事实上 p-adic 赋值具有比三角不等式更强的性质 $|a+b|_p\leqslant\max(|a|_p,|b|_p)$，于是 p-adic 分析通常有与实分析和复分析不同的性质且 p-adic 分析往往更简单方便. 根据定义可知，$\mathbf{C}_p$ 中的柯西(Cauchy)序列 $\{a_k\}_{k=1}^{\infty}$ 要求对每个 $\varepsilon>0$ 均存在 N 使得当 $m,n>N$ 时有 $|a_m-a_n|_p<\varepsilon$，但其实只需令 $|a_{n+1}-a_n|_p\to 0$，即当 $n\to\infty$ 时即可，毕竟当 $m>n$ 时有

$$|a_m-a_n|_p\leqslant\max(|a_m-a_{m-1}|_p,|a_{m-1}-a_{m-2}|_p,\cdots,|a_{n+1}-a_n|_p)$$

特别地，$\mathbf{C}_p$ 中的级数 $\sum\limits_{n=1}^{\infty}a_n$ 收敛当且仅当 $a_n\to 0$，但这一结果在实分析中没有这么简单.

如果考虑 $\mathbf{C}_p$ 上对 p-adic 拓扑的连续函数，那么它具有任意拓扑域上连续函数的一般性质，包括连续函数的和、差、积仍为连续函数，故由此可以得出多项式是连续函数，但对于实拓扑熟知的一些连续函数在考虑 p-adic 拓扑时就需要格外小心. 例如当 $p=3$ 时考虑指数函数 $f(x)=2^x$，取 $x_n=2\cdot 3^n$，则当 $n\to+\infty$ 时 $x_n\to 0$，而 $2^{x_n}=2^{2\cdot 3^n}=2^{\varphi(3^{n+1})}\equiv 1(\bmod 3^{n+1})$，即 $f(x_n)\to 1$. 取 $x'_n=3^n$，同样当 $n\to+\infty$ 时 $x'_n\to 0$，而 $2^{x'_n}=2^{3^n}$ 的极限是 $\mathbf{Q}_3$ 中的 3 次本原单位根 ζ_3，其中 $\zeta_3\neq 1=f(0)$，事实上 $\zeta_3\equiv 2(\bmod 3)$，因此 $f(x)=2^2$ 对于 3-adic 拓扑在 $x=0$ 处不连续.

下面是完备距离空间的一个一般性的结果，用它来构造 p-adic 连续函数是很有用的.

引理 1　设 S 和 H 是完备距离空间，而 d_S 和 d_H 分别为它们的距离函数，A 是 S 的一个稠密子集，如果函数 $f:A\to H$ 满足下面的性质，即对每个 $\varepsilon>0$ 均有 $\delta>0$ 使得当 $x,y\in A$ 且 $d_S(x,y)<\delta$ 时有 $d_H(f(x),f(y))<\varepsilon$，那么 f 可以唯一扩充为从 S 到 H 的一个连续函数，即存在唯一的连续函数 $F:S\to H$ 使得 $F|_A=f$.

证明　由于 A 在 S 中是一个稠密子集，因此对每个 $a\in S$ 存在 A 中的序列 $\{a_n\}$ 使得 $\lim a_n=a$，根据引理 1 中的条件可知 $\{f(a_n)\}$ 是 H 中的柯西序列，于

是 $\lim f(a_n)=\alpha\in H$,进而我们定义 $F(a)=\alpha$,可以证明 α 不依赖于 $\{a_n\}$ 的选取方式,因此 $F:S\to H$ 就是唯一的连续函数使得 $F|_A=f$.

下面我们用上面的引理构造一些 p-adic 连续函数.

例 1　设 n 为正整数,$f(x)=\binom{x}{n}=\frac{1}{n!}x(x-1)(x-n+1)$ 作为多项式是从 $\mathbf{Z}_p$ 到 $\mathbf{Q}_p$ 的连续函数,其中 $\binom{x}{0}=1$,而当 x 为正整数时 $f(x)\in Z\subseteq\mathbf{Z}_p$,于是 $f:\mathbf{Z}\to\mathbf{Z}_p$ 是连续函数. 由于 $\mathbf{Z}_p$ 是 $\mathbf{Q}_p$ 的紧子集,故 $\mathbf{Z}_p$ 对 p-adic 拓扑是完备的,注意到全体正整数集是 $\mathbf{Z}_p$ 的稠密子集,那么由引理 1 可知,$f(x)$ 是从 $\mathbf{Z}_p$ 到 $\mathbf{Z}_p$ 的连续函数,因此这些连续函数在 p-adic 分析中起着基本作用. 在实分析中闭区间 $[0,1]$ 上的连续函数可以用多项式逼近来得到幂级数形式 $\sum a_nx^n$,即 $\{x^n\mid n=0,1,\cdots\}$ 形成 $[0,1]$ 上连续函数的一组基.

下面的结果表明 $\left\{\binom{x}{n}\middle| n=0,1,\cdots\right\}$ 是紧集 $\mathbf{Z}_p$ 上的 p-adic 连续函数空间的一组基.

定理 1(马勒(Mahler)定理)　设 K 是 $\mathbf{Q}_p$ 的有限扩域,$O_K=\{\alpha\in K\mid v_p(\alpha)\geqslant 0\}$ 是 K 的整数环,则每个连续 $f:\mathbf{Z}_p\to O_K$ 都可以唯一表示为 $f(x)=\sum\limits_{n\geqslant 0}a_n\binom{x}{n}$,其中 $a_n\in O_K$ 且 $a_n\to 0$.

证明　当 $x\in\mathbf{Z}_p$ 时 $v\left(\binom{x}{n}\right)\geqslant 0$ 而 $a_n\to 0$,于是 $a_n\binom{x}{n}\to 0$,进而级数 $f(x)=\sum a_n\binom{x}{n}$ 收敛且 $f(x)$ 是 $\mathbf{Z}_p$ 上的连续函数,经过计算可知对每个 $m\geqslant 0$ 有 $a_m=\sum\limits_{i=0}^{m}(-1)^{m-i}\binom{m}{i}f(i)$,且这个展开式是唯一的.

例 2　令 $\alpha\in 1+p\mathbf{Z}_p$,则 $\alpha=1+\beta p$,其中 $\beta\in\mathbf{Z}_p$,而对每个非负整数 s 使得

$$\alpha^s=(1+\beta p)^s\in 1+p\mathbf{Z}_p$$

于是存在映射

$$f:\mathbf{N}\to 1+p\mathbf{Z}_p,s\mapsto\alpha^s$$

如果 $s,s'\in\mathbf{N}$ 且 $v_p(s-s')\geqslant M$,那么 $s'=s+p^Ms''$,其中 $s''\in\mathbf{Z}$,不妨设 $s'\geqslant s$

即 $s''\geqslant 0$,则有 $v_p(\alpha^s-\alpha^{s'})=v_p(\alpha^s)+v_p(1-\alpha^{p^{M}s''})\geqslant v_p(1-\alpha^{p^{M}s''})$,注意到 $\alpha^{p^{M}s''}=(1+\beta p)^{p^{M}s''}\equiv 1(\bmod p^{M+1})$,故

$$v_p(\alpha^s-\alpha^{s'})\geqslant M+1$$

这意味着 f 满足引理1中的条件,即 $\mathbf{N}$ 是 $\mathbf{Z}_p$ 的稠密子集,于是由 f 可以定义 p-adic 连续函数

$$f:\mathbf{Z}_p\to 1+p\mathbf{Z}_p, s\mapsto \alpha^s$$

其中 $\alpha\in 1+p\mathbf{Z}_p$. 对于

$$s=a_0+a_1p+\cdots+a_np^n+\cdots\in\mathbf{Z}_p$$

和 $0\leqslant a_i\leqslant p$,取正整数

$$s'=a_0+a_1p+\cdots+a_Np^N$$

则 $\alpha^{s'}$ 为 α^s 的近似值且精确到 p-adic 展开的第 p^{N+1} 位,以及当 $s,s'\in\mathbf{N}$ 时 $\alpha^{s+s'}=\alpha^s\cdot\alpha^{s'}$ 成立,由函数的连续性可知上面的性质在 $\mathbf{Z}_p$ 也成立.

更一般地,如果 $\alpha\in U_p$,其中 $U_p=\{\alpha\in\mathbf{Z}_p \mid v_p(\alpha)=0\}$ 是 p-adic 单位群,则 $\alpha^{p-1}\in 1+p\mathbf{Z}_p$,而对每个 $a=0,1,\cdots,p-2$ 考虑集合

$$A_a=a+(p-1)\mathbf{N}=\{a+(p-1)n \mid n=0,1,2,\cdots\}$$

故每个 A_a 仍是 $\mathbf{Z}_p$ 的稠密子集,接下来对每个 a 考虑函数 $f_a:A_a\to\mathbf{Z}_p$ 且 $f_a(a+(p-1)n)=\alpha^{a+(p-1)n}=\alpha^a(\alpha^{p-1})^n$. 如果 $v_p(f_a(a+(p-1)n)-f_a(a+(p-1)n'))=v_p((p-1)(n-n'))\geqslant M$,那么 $v_p(n-n')\geqslant M$. 再由 $\alpha^{p-1}\in 1+p\mathbf{Z}_p$ 可知 $v_p(f_a(a+(p-1)n)-f_a(a+(p-1)n'))\geqslant M+1$,于是根据引理1可知,对每个 $\alpha\in U_p$ 可以构造 $p-1$ 个不同的 p-adic 连续函数 $f_a:\mathbf{Z}_p\to\mathbf{Z}_p$,其中 $a=0,1,\cdots,p-2$. f_a 在 A_a 上是通常意义下的知识函数,即对于 $s\in A_a$ 有 $f_a(s)=\alpha^s$,当 $1\leqslant a\leqslant p-2$ 时指数函数的性质 $f_a(s+s')=f_a(s)f_a(s')$ 不一定成立,毕竟当 $s,s'\in A_a$ 时 $s+s'\notin A_a$,但是 $f_0(s+s')=f_0(s)f_0(s')$ 却在 A_0 上成立,于是根据连续性可知在 $\mathbf{Z}_p$ 上也成立.

根据马勒定理可知,$\mathbf{Z}_p$ 上的每个 p-adic 连续函数都可以唯一表示为 $\sum a_n\binom{x}{n}$,而在实分析中也常常用幂级数来定义连续函数. 设 $f(x)=\sum\limits_{n\geqslant 0}a_nx^n\in\mathbf{C}_p[[x]]$ 是系数属于 $\mathbf{C}_p$ 的幂级数,对每个 $\alpha\in\mathbf{C}_p$ 有 $\sum a_nx^n$ 收敛当且仅当 $|a_nx^n|_p\to 0$. 类似于实分析,令 $r=(\overline{\lim\limits_{n\to\infty}}|a_n|_p^{\frac{1}{n}})^{-1}$,则当 $|\alpha|_p<r$ 时 $\sum a_n\alpha^n$ 收敛,当 $|\alpha|_p>r$ 时 $\sum a_n\alpha^n$ 发散且 $f(x)=\sum a_nx^n$ 是开球 $D(r^-)=\{x\in\mathbf{C}_p \mid$

$|\alpha|_p < r\}$ 中的连续函数,此时称 r 为幂级数的收敛半径. 进而对于 $f'(x) = \sum_{n\geqslant 1} na_n x^{n-1}$,由于 $|na_n|_p \geqslant |a_n|_p$,故 $f'(x)$ 在 $D(r^-)$ 中仍是连续函数,从而 $f(x)$ 的任意阶微商在 $D(r^-)$ 中也是连续函数,即 $f(x)$ 在 $D(r^-)$ 中是无限次可微的解析函数.

例 3 p-adic 指数函数为 $\exp_p(x) = \sum_{n\geqslant 0} \frac{x^n}{n!}$. 对于复分析的情形,收敛半径 $r = \lim_{n\to\infty}(n!)^{\frac{1}{n}} = +\infty$,于是 $\exp_p(x)$ 是在 $\mathbf{C}$ 上的解析函数,而对于 p-adic 分析的情形,$n!$ 中 p 的指数为 $\left[\frac{n}{p}\right] + \left[\frac{n}{p^2}\right] + \cdots$,故当 n 充分大时 $\left|\frac{1}{n!}\right|_v$ 也很大,注意到 $v_p(n!) = \left[\frac{n}{p}\right] + \left[\frac{n}{p^2}\right] + \cdots < \frac{n}{p-1}$,于是当 $p^a \leqslant n < p^{a+1}$ 时有

$$\begin{aligned} v_p(n!) &> \frac{n}{p} + \frac{n}{p^2} + \cdots + \frac{n}{p^a} - a \\ &= \frac{n}{p-1} - \frac{np^{-a}}{p-1} - a > \frac{n-p}{p-1} - \frac{\log n}{\log p} \end{aligned}$$

进而得到 $\lim_{n\to\infty} \frac{1}{n} v_p(n!) = \frac{1}{p-1}$,即 $\lim_{n\to\infty} \left|\frac{1}{n!}\right|_p^{\frac{1}{n}} = p^{-\frac{1}{p-1}}$,这意味着 $\exp_p(x)$ 的收敛半径为 $p^{-\frac{1}{p-1}}$.

例 4 p-adic 对数函数为 $\log_p(1+x) = \sum_{n\geqslant 1} \frac{(-1)^{n+1}}{n} x^n$. 对于实分析的情形,收敛半径为 $\lim_{n\to\infty} n^{\frac{1}{n}} = 1$,而对于 p-adic 分析的情形,由于 n 至多被 $\frac{\log n}{\log p}$ 个 p 除尽,故有 $0 \leqslant v_p(n) \leqslant \frac{\log n}{\log p}$,于是得到 $\lim_{n\to\infty} \frac{1}{n} v_p(n) = 0$,进而 $\log_p(1+x)$ 的收敛半径也是 1.

若 p 为奇素数,则令 $q = p$,若 $p = 2$,则令 $q = 4$. 那么根据上面的例 3 和例 4 可知 $\exp_p(x)$ 是 $q\mathbf{Z}_p$ 中的解析函数且满足 $\exp_p(q\mathbf{Z}_p) \subseteq 1 + p\mathbf{Z}_p$,以及 $\log_p(1+x)$ 是 $p\mathbf{Z}_p$ 中的解析函数且满足 $\log_p(1 + p\mathbf{Z}_p) \subseteq q\mathbf{Z}_p$,于是得到 $\exp_p \circ \log_p(1+x) = 1 + x\,(x \in p\mathbf{Z}_p)$ 和 $\log_p \circ \exp_p(x) = x\,(x \in q\mathbf{Z}_p)$,进而有互逆映射 $q\mathbf{Z}_p \leftrightarrows 1 + p\mathbf{Z}_p$,事实上我们还可以得到当 $x, y \in q\mathbf{Z}_p$ 时有 $\exp_p(x+y) = \exp_p(x) \cdot \exp_p(y)$ 和当 $x, y \in p\mathbf{Z}_p$ 时有 $\log_p(1+x)(1+y) = \log_p(1+x) + \log_p(1+y)$,这就给出

了加法群 $q\mathbf{Z}_p$ 和乘法群 $1+p\mathbf{Z}_p$ 的同构. 上面的一些结果在实分析中是正确的，同样作为形式幂级数也是正确的，因此在 p-adic 收敛域内也成立.

乘法群 $\mathbf{Q}_p^*$ 有下面的直和分解，即

$$\mathbf{Q}_p^* = \langle p\rangle \times W \times (1+p\mathbf{Z}_p)$$

和

$$U_p = W \times (1 \otimes p\mathbf{Z}_p)$$

其中 $\langle p\rangle$ 是由 p 生成的无限循环群，而 W 是 $\mathbf{Z}_p$ 的 $p-1$ 次单位根生成的群，如果用 ζ 表示满足 $\zeta \equiv 1 \pmod p$ 的 $p-1$ 次本原单位根，那么 $\mathbf{Q}_v^*$ 中的元素 α 可以唯一表示为 $\alpha = p^n\zeta^i\langle\alpha\rangle$，此时 $n = v_p(\alpha) \in \mathbf{Z}$，以及 $i = 0,1,\cdots,p-2$ 且 $\langle\alpha\rangle \in 1+p\mathbf{Z}_p$，然后定义 $\log_p\alpha = \log_p\langle\alpha\rangle$，即规定 $\log_p p = \log_p\zeta = 1$，这样一来就把 $\log_p$ 函数定义到整个 $\mathbf{Q}_p^*$ 上且仍满足 $\log_p(\alpha\beta) = \log_p\alpha + \log_p\beta$. 现在对 $\alpha \in U_p$ 定义函数 $\langle\alpha\rangle^x = \exp_p(x\log_p\langle\alpha\rangle)$，注意到 $\log_p\langle\alpha\rangle \in q\mathbf{Z}_p$，于是 $\langle\alpha\rangle^x$ 是 $\{x \in \mathbf{C}_p \mid |x|_p < qp^{-\frac{1}{p-1}}\}$ 中的连续函数，当 $n \in \mathbf{Z}$ 时 $\langle\alpha\rangle^n$ 就是通常的函数，而在 $n \equiv 0 \pmod{p-1}$ 和 $p \geqslant 3$ 时 $\langle\alpha\rangle^n = \alpha^n$，特别地，当 $n \equiv 0 \pmod 2$ 和 $p=2$ 时也有 $\langle\alpha\rangle^n = \alpha^n$.

下面开始讨论由日本数学家 Kubota 和德国数学家 Leopoldt 发现的一类 $\mathbf{Z}_p$ 上的连续函数——p-adic ζ - 函数，故我们需要从伯努利(Bernoulli) 数讲起.

考虑幂级数环 $\mathbf{Z}_p[[x]]$ 中的元素 $\dfrac{e^x-1}{x} = \sum\limits_{n=0}^{\infty}\dfrac{x^n}{(n+1)!}$，由于它的常数项是 1，故 $\dfrac{e^x-1}{x}$ 是幂级数环 $\mathbf{Z}_p[[x]]$ 中的可逆元素，于是 $\dfrac{x}{e^x-1} = \sum\limits_{n=0}^{\infty}\dfrac{B_n}{n!}x_n \in \mathbf{Z}_p[[x]]$，我们称 B_n 为伯努利数，根据递推公式 $B_n = -\dfrac{1}{n+1}\sum\limits_{i=0}^{n-1}\begin{pmatrix} n+1 \\ i \end{pmatrix} B_i$ 可知所有的 B_n 均为有理数. 19 世纪的时候数学家们根据伯努利数 B_n 的整性和同余性就得到了下面的一些结果.

引理 2(von Staudt-Clausen 引理)　对每个正偶数 n 和素数 p，当 $(p-1) \nmid n$ 时有 $B_n \in \mathbf{Z}_p$，而当 $(p-1) \mid n$ 时有 $B_n + \dfrac{1}{p} \in \mathbf{Z}_p$.

引理 3(库默尔引理)　设 $l \geqslant 0$，以及 $2k \not\equiv 0 \pmod{p-1}$ 和 $2k \equiv 2k' \pmod{(p-1)p^l}$，其中 $p \geqslant 5$ 且 p 为素数，则有 $\dfrac{B_{2k}}{2k} \in \mathbf{Z}_p$ 和 $-(1-p^{2k-1})\dfrac{B_{2k}}{2k} \equiv$

$-(1-p^{2k'-1})\frac{B_{2k'}}{2k'}(\bmod p^{l+1})$,其中上面的同余式两边均是 p-adic 整数.

上面的这个结果是库默尔于 19 世纪中期研究费马猜想时发现的,直到 20 世纪 60 年代由 Kubota 和 Leopoldt 从 p-adic 赋值角度来看到库默尔所提出的同余式的本质,即当 $2k$ 和 $2k'$ 的 p-adic 距离很小时 $\mathbf{Z}_p$ 中的两个数 $-(1-p^{2k-1})\frac{B_{2k}}{2k}$ 和 $-(1-p^{2k'-1})\frac{B_{2k'}}{2k'}$ 的 p-adic 距离也很小. 这意味着当每个素数 $p\geqslant 5$ 时对每个正整数 a 满足 $1\leqslant a\leqslant\frac{p-3}{2}$,定义集合 $C_a=\{1-(2a+(p-1)b\mid b=0,1,2,\cdots\}=1-2a-(p-1)\mathbf{N}$.

其中每个 C_a 都是 $\mathbf{Z}_p$ 的稠密子集且 $\frac{p-3}{2}$ 个集合 C_a 彼此不相交. 接下来考虑映射 $f_a:C_a\mapsto\mathbf{Z}_p$. 即 $f_a(1-2k)=-(1-p^{2k-1})\frac{B_{2k}}{2k}$,于是引理 3 可以表述为如果 $v_p(f_a(1-2k)-f_a(1-2k'))\geqslant l+1,1-2k,1-2k'\in C_a$ 且 $v_p((1-2k)-(1-2k'))=v_p(2k'-2k)\geqslant l$,那么 $v_p(f_a(1-2k)-f_a(1-2k'))\geqslant l+1$,因此由引理 1 可知. 它可以扩充为 p-adic 连续函数 $f_a:\mathbf{Z}_p\mapsto\mathbf{Z}_p$,我们称这些函数为 p-adic ζ - 函数.

众所周知,黎曼 ζ - 函数 $\zeta(n)=\sum_{n=1}^{\infty}n^{-s}$ 可以解析延拓到整个复平面后,它在负奇数处的取值为 $\zeta(1-2k)=-\frac{B_{2k}}{2k}$,其中 $k=1,2,\cdots$,如果考虑级数 $\sum_{n=1}^{\infty}n^{-s}$ 的 p-adic 收敛性,那么这个级数显然是发散的,毕竟当 $n=p^l$ 时 $|n^{-s}|_p=p^{sl}$ 充分大,其中 $s>0$,此时需要将级数中满足 $p\mid n$ 的项去掉. 然后就得到新的 ζ - 函数,即

$$\zeta^*(s)=\sum_{n\geqslant 1,p\nmid n}n^{-s}=\sum_{n=1}^{\infty}n^{-s}-\sum_{n=1}^{\infty}pn^{-s}=\prod_{q\neq p}(1-p^{-s})^{-1}=(1-p^{-s})\zeta(s)$$

其中 q 是通过 p 以外的所有素数和满足整数 $s\geqslant 2$,进而有

$$\zeta^*(1-2k)=(1-p^{2k-1})\zeta(1-2k)=-(1-p^{2k-1})\frac{B_{2k}}{2k}$$

这里 $k=1,2,\cdots$,因此 p - adic 连续函数 f_a 在 C_a 上的取值和 ζ^* 是一致的,以及我们可以把 $f_a(s)$ 表示为 $\zeta_p^a(s)$,这就是 Kubota 和 Leopoldt 给出的

p-adic ζ - 函数，于是对每个 $p \geqslant 5$，有 $\frac{p-3}{2}$ 个从 $\mathbf{Z}_p$ 到 $\mathbf{Z}_p$ 的连续函数 $\zeta_p^a(x)$，它们与 $\zeta^*(s)$ 在 $\mathbf{Z}_p$ 的稠密集 C_a 上取值相同，其中 $a = 1,2,\cdots,\frac{p-3}{2}$.

同理我们还可以构造 p-adic L - 函数，则有下面的结果.

定理 2　设 p 为素数 χ 是导子为 f 的本原狄利克雷特征，当 $p \geqslant 3$ 时有 $q = p$，而当 $p = 2$ 时有 $q = 4$，则对每个正整数 F 满足 $q \mid F$ 和 $f \mid F$，定义

$$L_p(s,\chi) = \frac{1}{F(s-1)} \sum_{a=1,p\nmid a}^{F} \chi(a) \langle a \rangle^{1-s} \sum_{i \geqslant 0} \binom{1-s}{i} \binom{F}{a}^i B_i \in \mathbf{C}_p$$

如果 χ 不是主特征，那么 $L_p(s,\chi)$ 是 $D = \{s \in \mathbf{C}_p \mid |s|_p \leqslant ap^{-\frac{1}{p-1}}$ 中的解析函数，如果 χ 是主特征，那么 $s = 1$ 为 $L_p(s,\chi)$ 的单极点且留数为 $\lim_{s\to 1}(s-1)L_p(s,\chi) = 1 - \frac{1}{p}$，而在 $s \in D$ 和 $s \neq 1$ 处均为解析函数，于是 $L_p(s,\chi)$ 和函数 $L^*(s,\chi) = \sum_{n \geqslant 1, p \mid n} \chi(n) n^{-s} = (1-\chi(p)p^{-s})L(s,\chi)$ 在集合 $\{1-2k \mid k = 1,2,\cdots\}$ 上取值相同，此时称 $L_p(s,\chi)$ 为 p-adic L - 函数.

上面的定理中关于 $L_p(s,\chi)$ 的表达式中的 $\langle a \rangle$ 是由前面的定义 $\log_p \alpha = \log_p \langle \alpha \rangle$ 所得到，而 0 次或 f 次单位根 $\chi(a)$ 则视为 C_p 中的元素. 在经典数论中我们有狄利克雷 L - 函数在 $s = 1$ 时的取值 $L(1,\chi)$ 的计算公式且阿贝尔数域 K 的类数 $h(K)$ 可以表示为一些 $L(1,\chi)$ 的乘积形式，事实上对于 p-adic L - 函数的情形我们有类似的结果.

定理 3　设 K 为 n 次实阿贝尔域，$\hat{K}$ 是伽罗瓦群 $\mathrm{Gal}(K/\mathbf{Q})$ 的特征群，则有

$$\frac{2^{n-1} n(k) R_p(k)}{\sqrt{d(k)}} = \prod_{\chi \in k, x \neq 1} \left(1 - \frac{x^*(p)}{p}\right) L_p(1,x^*) \in \mathbf{C}_p$$

其中 χ^* 是与 χ 对应的本原特征，$R_p(K) \in \mathbf{C}_p$ 是域 K 的 p-adic 调整子，进而也能得到与经典数论情形中相仿的 $L_p(1,\chi)$ 的计算公式，此时只需把普通对数 log 函数改成 p-adic 对数 $\log_p$，函数即可.

定理 3 中的表达式称为 p-adic 类数公式，通常的类数公式中会出现超越数 $R(K)$ 和 $\log(1-\zeta^a)$，在复数域中对复拓扑计算类数 $h(K)$ 和它的近似值是比较困难的，而利用 p-adic 类数公式就很容易得到 $R(K)$ 和 $\log_p(1-\zeta^a)$ 的 p-adic 近似值，从而就可以得到 $h(K)$ 的 p-adic 近似值，因此 p-adic 方法很适合用来研究类数的整除性质，事实上库默尔的关于分圆域类数的整除性质方面的结果和

在 p-adic L－函数出现之前的数学家们用有限群表示论的方法得到的关于分圆域和阿贝尔域的一些重要的结果均可以用 p-adic L－函数和 p-adic 分析方法统一证明，而且还对上述结果给出了更深刻的解释，当然一个方法是否具有价值还是得看能否得到新的结果和解决新的猜想. 后面我们将用 p-adic L－函数来得到 Iwasawa 理论的一些重要结果.

10.2 Iwasawa 理论初步，p－adic 测度和 p－adic 积分

既然已经知道利用 p-adic L－函数可以得到一系列重要的结果，本节即将给出的第一个结果是由日本数学家 Iwasawa 给出的，他的这个结果包含了由无限个数域组成的扩张序列中类数的变化性质.

设一个数域的扩张序列为 $K=K_0\subset K_1\subset K_2\subset\cdots\subset K_n\subset\cdots$，如果对每个 n 有 k_n/K 是 p^n 次循环扩张，那么称这个扩张序列为 K 的 $\mathbf{Z}_p$－扩张. 令 $K_\infty=\bigcup\limits_{n\geqslant 0}K_n$，则 K_∞/K 是无限伽罗瓦扩张，且伽罗瓦群 $\mathrm{Gal}(K_\infty/K)$ 是 $\mathrm{Gal}(K_n/K)\cong\mathbf{Z}/p^n\mathbf{Z}$ 的逆极限，故 $\mathrm{Gal}(K_\infty/K)$ 同构于加法群 $\varprojlim\mathbf{Z}/p^n\mathbf{Z}=\mathbf{Z}_p$. 反之如果 K_∞/K 是无限伽罗瓦扩张且满足 $\mathrm{Gal}(K_\infty/K)$ 同构于加法群 $\mathbf{Z}_p$，那么根据无限伽罗瓦扩张的基本定理可知，K_∞/K 的中间域和 $\mathbf{Z}_p$ 的闭子群一一对应，而 $\mathbf{Z}_p$ 的闭子群只有 $p^n\mathbf{Z}_p$，其中 $n=0,1,2,\cdots$. 于是 K_∞/K 的所有中间域构成上述序列且 $\mathrm{Gal}(K_n/K)$ 同构于 $\mathbf{Z}_p/p^n\mathbf{Z}_p\cong\mathbf{Z}/p^n\mathbf{Z}$，即 K_n/K 是 p^n 次循环扩张，进而也称 K_∞/K 为 $\mathbf{Z}_p$－扩张. 事实上对每个奇素数 p，令 $K_n=\mathbf{Q}(\zeta_{p^{n+1}})$，其中 $n=0,1,2,\cdots$. 则有 $K_0=\mathbf{Q}(\zeta_p)\subset K_1\subset K_2\subset\cdots\subset K_n\subset\cdots$ 是 $\mathbf{Q}(\zeta_p)$ 的 $\mathbf{Z}_p$－扩张，如果用 L_n 表示 K_n 的唯一子域使得 $[K_n:L_n]=p-1$，那么 $L_0=\mathbf{Q}\subset L_1\subset L_2\subset\cdots\subset L_n\subset\cdots$ 是 $\mathbf{Q}$ 的 $\mathbf{Z}_p$－扩张. 同理 $K_n=\mathbf{Q}(\zeta_{2^{n+2}}+\bar{\zeta}_{2^{n+2}})$ 是 $\mathbf{Q}$ 的 2^n 次循环扩张，于是 $K_0=\mathbf{Q}\subset K_1\subset K_2\subset\cdots\subset K_n\subset\cdots$ 是 $\mathbf{Q}$ 的 $\mathbf{Z}_2$－扩张，进而令 $L_n=\mathbf{Q}(\zeta_{2^{n+2}})$，则 $L_0=\mathbf{Q}(\mathrm{i})\subset L_1\subset L_2\subset\cdots\subset L_n\subset\cdots$ 是 $\mathbf{Q}(\mathrm{i})$ 的 $\mathbf{Z}_2$－扩张.

更一般地，对任意数域 K 令 $K_n=K(\zeta_{p^n})$，则存在 $l\geqslant 0$ 使得 $\zeta_{p^l}\in K$ 且 $\zeta_{p^{l+1}}\notin K$，此时 $K_l\subset K_{l+1}\subset\cdots\subset K_{l+n}\subset\cdots$ 是 K_l 的 $\mathbf{Z}_p$－扩张，以上这类 $\mathbf{Z}_p$－扩张都称为分圆 $\mathbf{Z}_p$－扩张.

根据上面的讨论，日本数学家 Iwasawa 给出了下面的第一个结果.

定理 4（数域 $\mathbf{Z}_p$－扩张的类数公式）　设 K 为数域，而 $K=K_0\subseteq K_1\subseteq K_2\subseteq$

$\cdots \subseteq K_n \subseteq \cdots$ 是 K 的 $\mathbf{Z}_p$ - 扩张，对于素数 p，如果用 e_n 表示使得 $p^{e_n} \mid h(K_n)$ 的最大非负整数，其中 $h(K_n)$ 是 K_n 的理想类数，即有 $e_n = v_p(h(K_n))$，那么存在与 n 无关的非负整数 μ, λ 以及整数 v 使得对每个 $n \geqslant 0$ 均有 $e_n = \mu p^n + \lambda n + v$.

这是 Iwasawa 给出的一个比较深刻的结果，它依赖于更多的代数工具，同时也依赖于他本人给出的构造 p-adic L - 函数的新方法 —— 幂级数方法，Iwasawa 把每个 p-adic L - 函数对应于系数属于 $\mathbf{Z}_p$ 的关于 T 的幂级数，即幂级数环 $\mathbf{Z}_p[[T]]$ 中的元素.

Iwasawa 对幂级数环 $\mathbf{Z}_p[[T]]$ 的研究来源于数域的 $\mathbf{Z}_p$ - 扩张 $K = K_0 \subseteq K_1 \subseteq K_2 \subseteq \cdots \subseteq K_n \subset \cdots$，而 $\Gamma = \mathrm{Gal}(K_\infty/K)$ 同构于加法群 $\mathbf{Z}_p$，事实上 $\mathbf{Z}_p$ 作为拓扑群是由元素 1 生成的无限循环群 $\mathbf{Z}$ 的拓扑闭包，故 Γ 作为乘法群也是由某元素 γ 生成的无限循环群的拓扑闭包，而 K_n 的固定子群为 Γ^{p^n}，它是由元素 γ^{p^n} 生成的无限循环群的拓扑闭包，于是 $\Gamma_n = \mathrm{Gal}(K_n/K) = \Gamma/\Gamma^{p^n}$ 是 p^n 阶循环群. 当 $m \geqslant n \geqslant 0$ 时由自然映射 $\Gamma_m \to \Gamma_n$ 诱导出环同态 $\mathbf{Z}_p[\Gamma_m] \to \mathbf{Z}_p[\Gamma_n]$，显然 $\mathbf{Z}_p[\Gamma_n] \cong \mathbf{Z}_p[T]/((1+T)^{p^n}-1)$ 是由 $\gamma(\mathrm{mod}\,\Gamma^{p^n}) \mapsto 1 + T(\mathrm{mod}(1+T)^{p^n} - 1)$ 给出，于是得到 $\mathbf{Z}_p[\Gamma]\varprojlim \mathbf{Z}_p[\Gamma_n] \cong \varprojlim \mathbf{Z}_p[T]/((1+T)^{p^n}-1)$，而 $\varprojlim \mathbf{Z}_p[T]/((1+T)^{p^n}-1)$ 同构于 $\mathbf{Z}_p[[T]]$，然后立马得到 $\mathbf{Z}_p[\Gamma] \cong \mathbf{Z}_p[[T]]$，它是 $\gamma \mapsto 1 + T$ 给出. $\mathbf{Z}_p[[T]]$ 不是主理想整环，但它是唯一因子分解整环，元素 $f(T) = \sum\limits_{n=0}^{\infty} a_n T_n \in \mathbf{Z}_p[[T]]$ 为单位元当且仅当 a_0 是 $\mathbf{Z}_p$ 中的单位元，即 $v_p(a_0) = 0$，而不可约元素则可以取 p 和一类特出(distinguished) 多项式 $P(T) = T^n + a_{n-1}T^{n-1} + \cdots + a_1 T + a_0$，其中 $v_p(a_i) \geqslant 1$ 和 $i = 0, 1, \cdots, n-1$，于是幂级数环 $\mathbf{Z}_p[[T]]$ 具有下面的分解性质.

引理 4(p-adic 魏尔斯特拉斯(Weiertrass) 分解定理)　对每个非零元素 $f(T) \in \mathbf{Z}_p[[T]]$ 有 $f(T)$ 可以唯一分解为 $f(T) = p^\mu P(T) U(T)$，其中 μ 为非负整数，$U(T)$ 为 $\mathbf{Z}_p[[T]]$ 中的单位元，$P(T)$ 为特出多项式.

利用引理 4——$\mathbf{Z}_p[[T]]$ 的 p-adic 魏尔斯特拉斯分解定理，数学家 Iwasawa 证明了下面的有限生成 $\mathbf{Z}_p[[T]]$ - 模的结构定理.

定理 5(有限生成 $\mathbf{Z}_p[[T]]$ - 模的结构定理)　令 $\Lambda = \mathbf{Z}_p[[T]]$，则有限生成 Λ - 模结构均拟同构于 $\Lambda^r \oplus \left(\bigoplus\limits_{i-1}^{s} \Lambda/p^{n-i}\right) \oplus \left(\bigoplus\limits_{j=1}^{t} \Lambda/(f_j(T))^{m_j}\right)$，

其中 r, s, t, n_i, m_j 均为非负整数. 而 $f_j(T)$ 是 Λ 中的不可约特出多项式，以及 Λ -

模 M 和 N 被称为拟同构是指存在 Λ - 模同态 $\varphi: M \to N$ 使得 $\ker \varphi$ 和 $\operatorname{coker} \varphi = N/I_m\varphi$ 均是有限 Λ - 模.

下面开始介绍定理4的证明思想. 对每个 $n \geqslant 0$ 我们令 L_n 是 K_n 的最大非分歧阿贝尔 p - 扩张. 根据类域论的结果可知, $X_n = \mathrm{Gal}(L_n/K_n)$ 同构于 K_n 的理想类群的Sylow p - 子群 A_n, 再令 L_∞ 是 $K_\infty = \bigcup_{n\geqslant 0} K_n$ 的最大非分歧阿贝尔 p - 扩张, 则有 $L_\infty = \bigcup_{n\geqslant 0} L_n$. 如果 $\Gamma = \mathrm{Gal}(K_\infty/K)$ 自然作用在 $X = \mathrm{Gal}(L_\infty/K_\infty)$ 上, 由于 X 是射影 p - 群, 故 $\mathbf{Z}_p$ 也自然作用于 X 上, 那么 Z 为 $\mathbf{Z}_p[\Gamma]$ - 模, 注意到 $\mathbf{Z}_p[\Gamma] \cong \mathbf{Z}_p[[T]] = \Lambda$, 于是 X 为 Λ - 模, 进一步还可以证明 X 是扭 Λ - 模. 根据上面的定理5可知 X 拟同构于 $\bigoplus_i \Lambda/(p^{n_i})$ 与 $\bigoplus_j \Lambda(f_j(T))$ 的直和, 于是再将 X 投射到 X_n 就可以计算出 $A_n \cong X_n$ 的阶为 p^{e_n}, 从而可以得到定理4中的关于 e_n 的数域 $\mathbf{Z}_p$ - 扩张的类数公式.

在上面的证明过程中我们并没有使用 p-adic L - 函数, 但 Iwasawa 在证明定理4的一个最简单的情形时采用了 p-adic L - 函数的方法, 即利用分圆域 $\mathbf{Q}(\zeta_{p^n})$ 的类数 h_{p^n} 的 *p-adic* 解析公式, 把相对类数 $h_{p^n}^-$ 表示为一些 p-adic L - 函数 $L_p(1,\chi)$ 的乘积, 然后利用 $\Lambda = \mathbf{Z}_p[[T]]$ 中的幂级数对应于每个 p-adic L - 函数 $L_p(s,\chi)$, 再根据引理4——$\mathbf{Z}_p[[T]]$ 的幂级数的 p-adic 魏尔斯特拉斯分解定理可知, 对于 $h_{p^n}^-$ 可以给出类似于定理4的结果. 事实上 Iwasawa 得到的关于数域 $\mathbf{Z}_p$ - 扩张的类数公式 $e_n = \mu p^n + \lambda n + \nu$ 是受到了函数域情形的启发, 设 C 是 F_q 上不可约的非异曲线, 我们对函数域 $K = F_q(C)$ 的除子类数 $h(K)$ 有公式 $h(K) = L(1)$, 其中 $L(U) = \prod_{i=1}^{2g}(1 - \omega_i U) \in \mathbf{Z}[U]$ 是 ζ - 函数 $Z_K(U) = \dfrac{L(U)}{(1-U)(1-qU)}$ 的分子中的多项式, g 为曲线 C 的亏格. 令 $K_n = F_{q^n}(C)$ 是 K 的系数域扩张, 则 K_n/K 是伽罗瓦扩张且它的伽罗瓦群 $\mathrm{Gal}(K_n/K)$ 同构于 $\mathrm{Gal}(F_{q^n}/F_q)$, 其中 F_{q^n}/F_q 是 n 次循环扩张, 接下来利用 K 的素理想在 K_n 中的分解性质就可以得到 K_n 的 ζ - 函数为 $Z_{K_n} = \dfrac{L_n(U)}{(1-U)(1-q^nU)}$, 其中 $L_n(U) = \prod_{i=1}^{2g}(1 - \omega_i^n U) \in \mathbf{Z}[U]$, 而 $h(K_n) = L_n(1)$. 现在设 p 是 q 的素因子, 取 $K_q' = K_{p^n}$, 则有 $K = K_0^1 \subset K_1^1 \subset K_2^1 \subset \cdots \subset K_n^1 \subset \cdots$ 为 $\mathbf{Z}_p$ - 扩张, 那么令 $e_n = v_p(h(K_n'))$, 于是可以证明当 n 充分大时有 $e_n = \lambda n + v$, 其中 λ, v 与 n 无关. 关于数域 $\mathbf{Z}_p$ - 扩

张的情形比函数域情形复杂，需要借助 Λ - 模中的一些结果，且在关于 e_n 的公式中多了一项 μp^n，但通过数域 $\mathbf{Z}_p$ - 扩张的情形与函数域情形类比，Iwasawa 提出了下面的猜想.

Iwasawa 猜想　对每个数域 K 和素数 p，关于 K 的分圆 $\mathbf{Z}_p$ - 扩张的不变量 μ 均为零，其中 μ 被称为 Iwasawa 不变量.

后来 Ferrero 和 L. Washington 对于 K 是阿贝尔域的情形时证明了这个猜想，然后 Greenberg 进一步猜想，如果 K 是全实域，那么对 K 的分圆 $\mathbf{Z}_p$ - 扩张而言 Iwasawa 不变量 λ 也为零，但这两个猜想至今仍是开放的问题.

根据上面的讨论，我们已经知道在研究分圆域和 $\mathbf{Z}_p$ - 扩张的过程中诞生了构造 p-adic L - 函数的方法和 Λ - 模理论，这对代数数论的发展产生了极大的影响. 为了研究模形式傅里叶(Fourier) 展开系数的整除性质和同余性质，数学家们提出了 p-adic 模形式理论，为了定义数域 K 上的椭圆曲线和 $\mathbf{Z}_p$ - 扩张 $\{K_n \mid n = 0,1,2,\cdots\}$，以及点群 $E(K_n)$ 的性质，数学家们构造了椭圆曲线 E 的 p-adic L - 函数 $L_p(E,s)$ 和相关的 Λ - 模结构. 两位数学家 Klingen 和 Siegel 分别在 1962 年和 1969 年证明了对每个全实域 K，Dedekingζ - 函数 $\zeta_K(s)$ 在非负整数处的取值均为有理数，其中全实域 K 是指从 K 到 $\mathbf{C}$ 的嵌入映射均为实嵌入映射，具体的方法是 $\zeta_{K(s)}$ 为某些希尔伯特(Hilbert) 模形式的傅里叶展开的常数项，这一点和黎曼 ζ - 函数为艾森斯坦(Eisenstein) 级数的常数项是类似的. 到了 1980 年又有两位数学家 Deligne 和 Ribet 利用 p-adic 希尔伯特模形式的结果来得到这些有理数($\zeta_K(s)$ 的同余性质，于是作为插值给出全实域 K 的 p-adic L - 函数 $L_p(s,\chi)$，它在一些负整数上的取值和 $L(x,\chi) = \sum_A \chi(A) NA^{-s}$ 相同，其中 A 通过 O_K 的整理想，而 χ 是实阿贝尔扩张 M/K 的伽罗瓦群 $\mathrm{Gal}(M/K)$ 的特征，事实上从类域论的观点看 χ 可以看成是 K 的某个广义类群的特征. 设 $F = K(\zeta_p)$ 和 $F_\infty = K(\zeta_{p^n})$ 是 F 的分圆 $\mathbf{Z}_p$ - 扩张，则 $\Delta = \mathrm{Gal}(F/K)$ 是 $p-1$ 阶循环群同构于$(\mathbf{Z}/p\mathbf{Z})^*$ 且可以看作模 p 狄利克雷特征. 设 ω 为模 p Teichmuller 特征，即对和 p 互素的整数 a 使得 $\omega(a)$ 为满足 $\omega(a) \equiv a \pmod p$ 的 $p-1$ 次本原单位根，对于 Δ 的每个奇特征，Barsky，Cassou-Nogues 和 Deligne-Ribet 都证明了存在 $\Lambda = \mathbf{Z}_p[[T]]$ 中的形式幂级数 f_χ 对应于 F 的 p-adic L - 函数 $L_p(s,\omega\chi^{-1})$，即 $L_p(s,\omega\chi^{-1}) = f_\chi(((1+p)^s - 1)$，于是问题归结为如何得到 $f_\chi(T)$，进而日本数学家 Iwasawa 有下面的猜想.

Iwasawa 主猜想　设 L_∞ 表示 F_∞ 的最大非分歧阿贝尔 p - 扩张，

$X=\mathrm{Gal}(L_\infty/F_\infty)$ 为扭 Λ - 模,对于群环 $\mathbf{Z}_p[\Delta]$ 的幂等元 $\varepsilon=\frac{1}{|\Delta|}\sum\limits_{\lambda\in\Delta}\chi^{-1}(\delta)\delta$,$\varepsilon_\chi X$ 也是扭 Λ - 模,于是这个扭 Λ - 模拟同构于 $\bigoplus\limits_i\Lambda/(p^{n_i})$ 与 $\bigoplus\limits_j\Lambda/(g_j(T))$ 的直和,令 $\mu=\sum\limits_i n_i$ 和 $g(T)=p^\mu\prod\limits_j(g_j(T))$,以及 χ 为 Δ 的奇特征且 $\chi\neq\omega$,则有 $f_\chi(T)=g(T)\cdot U(T)$,其中 $U(T)$ 是 Λ 中的单位群.

Iwasawa 主猜想是现代分圆域理论的一个重要猜想,1984 年 Mazur 和 Wiles 对 $K=\mathbf{Q}$ 和 $F=\mathbf{Q}(\zeta_p)$ 的情形下证明了这个猜想,使用的方法是与某些模形式相关的 p-adic 表示. 后来 K. Rubin 利用 Kolyvagin 在椭圆曲线的算术理论中所使用的欧拉系统方法给出了一个简化的证明,这一结果在现代分圆域理论和代数 K - 理论中都有重要的推论. 到了 1992 年 Greither 通过 Kolyvagin 和 K. Rubin 的方法对 K 为任意阿贝尔域的情形下证明了 Iwasawa 主猜想.

以上我们简要地讨论了构造 p-adic ζ - 函数和 p-adic L - 函数的幂级数方法和插值方法,下面介绍由 Mazur 提出的第三种方法,即 p-adic 测度和 p-adic 积分方法,接下来以 $\mathbf{Q}_p$ 上的积分为例,故仍需要回顾一下实数域 $\mathbf{R}$ 上的积分的定义.

设 μ 是区间 $[0,1]$ 上的一个测度,即对 $[0,1]$ 上的每一个可测子集 M 使得 $\mu(M)$ 为非负实数且满足可加性,这里的可加性是指如果 M_i 为 $[0,1]$ 的任意可数个可测子集以及满足彼此不相交,那么 $\mu\left(\bigcup\limits_{i\in I}M_i\right)=\sum\limits_{i\in I}\mu(M_i)$,此时对 $[0,1]$ 上的任意连续函数 $f(x)$,将 $[0,1]$ 分成一些小区间 $I_1[x_0,x_1)$,$I_2[x_1,x_2)$,$\cdots$,$I_n=[x_{n-1},x_n]$,其中 $0=x_0<x_1<\cdots<x_n=1$,任取 $x_i'\in[x_{i-1},x_i]$ 并考虑求和式 $\sum\limits_{i=1}^n f(x'_i)\mu(I_i)$,其中 $i=1,2,\cdots,n$,如果它在区间分得越来越细时会趋于某个极限值,那么称这个极限值为 $f(x)$ 关于测度 μ 在 $[0,1]$ 上的积分 $\int_0^1 f(x)\mu(x)\,\mathrm{d}x$.

现在考虑 $\mathbf{Q}_p$ 上的情形,将紧开子集 $\mathbf{Z}_p$ 类比于 $\mathbf{R}$ 上的闭区间 $[0,1]$,更一般地对每个 $a\in\mathbf{Q}_p$ 和 $N\in\mathbf{Z}$,称子集 $a+(p^N)=a+p^N\mathbf{Z}_p=\{x\in\mathbf{Q}_p\mid U_p(x-a)\geqslant N\}$ 为 $\mathbf{Q}_p$ 的一个区间,而称 N 为这个区间的级别,事实上我们可以得到 $p^N\mathbf{Z}_p=0+(p^N)$,那么下面的引理则表明它们在 p-adic 拓扑中的基本作用.

引理 5 $\mathbf{Q}_p$ 的每个紧开子集都是彼此不相交的有限个同级别区间的并.

证明 由于每个紧开子集 U 都是有限个区间的并集,以及级别为 N 的区

间 $a+(p^N)$ 可以分成 p 个级别为 $N+1$ 的区间 $a+kp^N+(p^{N+1})$ 的并集，其中 $k=0,1,\cdots,p-1$，故 U 一定是有限个同级别区间的并集. 但根据 p-adic 拓扑的性质可知，同级别的两个区间满足不相交或完全相等，于是把重合的区间去掉后就得到了 U 就是彼此不相交的有限个同级别区间的并集.

设 X 是 $\mathbf{Q}_p$ 的紧开子集，μ 是一个映射，现在将 X 的每个紧开子集 U 映成 $\mathbf{Q}_p$ 中的元素 $\mu(P)$，则称 μ 是 X 上的一个 p-adic 分布指的是满足下面的可加性，即如果 U 是有限个彼此不相交的紧开子集 U_i 的并集，那么有 $\mu(U)=\sum\limits_{i=1}^{n}\mu(U_i)$，其中 $i=1,2,\cdots,n$. 而 X 上的 p-adic 分布称为 p-adic 测度是指存在实数 M 使得对 X 的每个紧开子集 U 均有 $|\mu(U)|_p\leqslant M$. 为了证明一个 p-adic 分布 μ 为 p-adic 测度，只需验证对 X 中的每个区间 $I=a+(p^N)$ 满足 $|\mu(U)|\leqslant M$ 即可，根据引理 5 可知，紧开子集 U 是有限个彼此不相交的区间 I_i 的并集，其中 $i=1,2,\cdots,n$，于是如果 $|\mu(I_i)|_p\leqslant M$，那么由 μ 是 p-adic 分布以及 p-adic 赋值的性质可以推出 $|\mu(U)|_p\leqslant\left|\sum\limits_{i=1}^{n}\mu(I_i)\right|_P\leqslant\max\limits_{1\leqslant i\leqslant n}\{|\mu(I_i)|_p\}\leqslant M$.

进而 N 级区间 $a+(p^N)$ 是 p 个彼此不相交的 $N+1$ 级区间 $a+kp^N+(p^{N+1})$ 的并集，其中 $k=0,1,\cdots,p-1$，而如果 μ 满足可加性，那么 $\mu(a+(p^N))=\sum\limits_{k=1}^{p-1}\mu(a+kp^N+(p^{N+1}))$. 反之根据引理 5 可知，如果 $\mu(a+(p^N))=\sum\limits_{k=1}^{p-1}\mu(a+kp^N+(p^{N+1}))$ 对每个区间 $a+(p^N)$ 均成立，那么 μ 一定满足一般意义下的可加性，因此为了证明 μ 是 p-adic 分布则只需证明 $\mu(a+(p^N))=\sum\limits_{k=1}^{p-1}\mu(a+kp^N+(p^{N+1}))$ 成立即可.

下面我们来看几个例子.

例 5　取 $X=\mathbf{Z}$，定义 $\mu(a+(p^N))=p^{-N}\in\mathbf{Q}_p$，则可以验证 $\mu(a+(p^N))=\sum\limits_{k=1}^{p-1}\mu(a+kp^N+(p^{N+1}))$ 成立，于是称这个 p-adic 分布为哈尔(Haar)分布并记作 μ_{H}.

当 $N\to\infty$ 时 $|\mu_{\mathrm{H}}(a+(p^N))|_p=|p^{-N}|_p=p^N\to+\infty$，故 μ_{H} 不是 p-adic 测度.

例 6　取 $\mathbf{Z}_p$ 中的一个固定元素 a，定义 $\mu(U)=\begin{cases}1, a\in U\\0, a\notin U\end{cases}$，很显然这是 $\mathbf{Z}_p$ 的 p-adic 测度，称为迪拉克(Dirac)测度.

例 7 回忆伯努利数 B_n 由 $\frac{x}{e^x-1}=\sum_{n=0}^{\infty}\frac{B_n}{n!}x^n$ 所定义，其中 $B_n\in\mathbf{Q}\subset\mathbf{Q}_p$，而伯努利多项式 $B_n(t)$ 则由 $\frac{xe^{tx}}{e^x-1}=\sum_{n=0}^{\infty}\frac{B_n(t)}{n!}x^n$ 所定义，其中 $B_n(t)\in\mathbf{Q}[t]\subset\mathbf{Q}_p[t]$. 易知 $B_0(t)=1,B_1(t)=t-\frac{1}{2},B_2(t)=t^2-t+\frac{1}{6},B_3(t)=t^3-\frac{3}{2}t^2+\frac{1}{2}t$，$\cdots$ 以及 $B_n(0)=B_n$. 现在对每个区间 $a+(p^N)$ 定义 $\mu_{B,n}(a+(p^N))=p^{N(n-1)}B_n\left(\frac{a}{p^N}\right)\in\mathbf{Q}\subset\mathbf{Q}_p$，这里 $a\in\mathbf{Z},0\leqslant a<p^N,N\geqslant 0,n=0,1,2,\cdots$ 以及 $B_n\left(\frac{a}{p^N}\right)$ 是 $B_n(t)$ 在 $t=\frac{a}{p^N}$ 处的值，事实上通过计算可知对于每个 n，$\mu_{B,n}$ 满足 $\mu_{B,n}(a+(p^N))=\sum_{k=1}^{p-1}\mu_{B,n}(a+kp^N+(p^{N+1}))$，故 $\mu_{B,n}$ 是 p-adic 分布，称作伯努利分布. 事实上对于 $N\geqslant 0$ 和 $0\leqslant a<p^N$ 有

$$\mu_{B,0}(a+(p^N))=p^{-N}\text{（哈尔分布）}$$

$$\mu_{B,1}(a+(p^N))=B_1\left(\frac{a}{p^N}\right)=\frac{a}{p^N}-\frac{1}{2}$$

$$\mu_{B,2}(a+(p^N))=p^NB_2\left(\frac{a}{p^N}\right)=p^N\left(\frac{a^2}{p^{2N}}-\frac{a}{p^N}+\frac{1}{6}\right)$$

即所有的 $\mu_{B,n}$ 均不是 p-adic 测度，但可以用它们来构造一些 p-adic 测度.

注意到如果 μ_1 和 μ_2 是 X 上 p-adic 分布，那么对于 $\alpha_1,\alpha_2\in\mathbf{Q}_p$，$\alpha_1\mu_1+\alpha_2\mu_2$ 也是 p-adic 分布，其中 $(\alpha_1\mu_1+\alpha_1\mu_1)(U)=\alpha_1\mu_1(U)+\alpha_2\mu_2(U)$，于是设 $n\geqslant 1$ 和 $\alpha\in\mathbf{Z}$ 使得 $\alpha\neq 1$ 和 $\alpha\not\equiv 0(\bmod p)$ 成立，故对于 $\mathbf{Z}_p$ 的每个紧开子集 U 有 αU 也是紧开子集，进而定义 p-adic 分布，通过一系列 p-adic 计算可知 $\mu_{n,\alpha}$ 均是 p-adic 测度并称为伯努利测度，其中 $n\geqslant 1,\alpha\in\mathbf{Z},\alpha\neq 1$ 和 $p\nmid\alpha$.

根据 X 上的 p-adic 测度就可以定义 X 上的连续函数对 μ 的 p-adic 积分，对每个连续函数 $f:X\to\mathbf{Z}_p$ 作黎曼和 $\sum_{\substack{a+(p^N)\subseteq x\\ 0\leqslant a<p^N}}f(x_{a>N})\mu(a+p^N))$，其中 $x_{a,N}\in a+(p^N)$. 类似于通常的实积分，并注意到 μ 是 p-adic 测度，即 $|\mu(a+p^N))|_p\leqslant M$，于是当 $N\to+\infty$ 时上面的黎曼和式存在 p-adic 极限且这个极限不依赖于点 $x_{a,N}$ 的选取方式，进而称这个极限为 f 在 X 上对 μ 的 p-adic 积分 $\int_X f\mu$. 然后对所有的伯努利测度 $\mu_{n,\alpha}$ 都可以作 p-adic 积分，两者之间有下面的关系，即对 $\mathbf{Z}_p$ 的每个

紧开子集 X 有 $\int_X \mu_{n,\alpha} = n\int_X x^{n-1}\mu_{1,\alpha}$，其中 $n \geqslant 1, \alpha \in \mathbf{Z}, \alpha \neq 1$ 和 $p \nmid \alpha$，这表明了 $\mu_{n,\alpha}$ 和 $\mu_{1,\alpha}$ 的关系与实测度 $\mathrm{d}(x^n)$ 和 $\mathrm{d}x$ 之间的关系是相似的，相对于 $n \geqslant 1$ 我们得到 $\mu_{B,n}(\mathbf{Z}_p) = \mu_{B,n}(O + (p^0)) = B_n(o) = B_n$ 和 $\mu_{B,n}(p\mathbf{Z}_p) = \mu_{B,n}(O + (p^1)) = p^{n-1}B_n$，而对于 $U_p = \mathbf{Z}_p - p\mathbf{Z}_p$，则有 $\mu_{B,n}(U_p) = \mu_{B,n}(\mathbf{Z}_p) - \mu_{B,n}(p\mathbf{Z}_p) = (1 - p^{n-1})B_n$. 现在取 $\alpha \in \mathbf{Z}, \alpha \neq 1$ 和 $p \nmid \alpha$，那么 $\alpha U_p = U_p$，进而有 $\mu_{B,\alpha}(U_p) = \mu_{B,n}(U_p) - \alpha^{-n}\mu_{B,n}(\alpha U) = (1 - \alpha^{-n})(1 - p^{n-1})B_n$.

因为

$$\mu_{n,\alpha}(U_p) = \int_{U_p} \mu_{n,\alpha} = n\int_{U_p} x^{n-1}\mu_{1,\alpha}$$

所以

$$\frac{1}{\alpha^{-n} - 1}\int_{U_p} x^{n-1}\mu_{1,\alpha} = (1 - p^{n-1})\left(-\frac{B_n}{n}\right)$$

可以看到上式的右边正好是 10. 1 中定义的 p-adic ζ − 函数 $\zeta_p^a(s)$ 在负整数处的取值. 因此我们可以给出 $\zeta_p^a(s)$ 的 p-adic 积分表达式，即对于 $s \in \mathbf{Z}_p$ 有

$$\zeta_p^a(1 - 2a - (p-1)s) = (\alpha^{-(2a+(p-1)s)} - 1)^{-1}\int_{U_p} x^{2a+(p-1)s-1}\mu_{1,\alpha}$$

事实上用类似方法可以得到数域和椭圆函数等许多 p-adic L − 函数的 p-adic 积分表达式. 故需要找到合适的 p-adic 测度，这就使得 p-adic 积分成为研究代数数论的重要工具.

10.3　有限群在表示理论中的应用

本节我们来讨论一下分圆域理论在有限群的表示论中的应用. 众所周知研究群结构的一种重要的方法是通过群同态将不同的群进行比较，且希望用某类群作为模板而研究其他所有的群到这类群的同态，故必须要求被选作模板的群的结构足够一般且具有充分代表性，但又要求我们必须对这样的群的结构有充分的了解. 于是数学家们选择了两类群作为模板，其一是置换群，其二是矩阵群，则称群 G 到置换群的同态为 C 的置换表示，而 G 到某个 n 阶线性群 $GL_n(R)$ 的同态就是 G 在 R 上的 n 次线性表示，其中 R 是交换环以及 $GL_n(R)$ 是 R 上的 n 阶可逆矩阵群. 下面我们讨论的群表示均为群的线性表示，当 R 为复数域 $\mathbf{C}$ 时就得到群 G 的复表示. 当 R 为 $\mathbf{C}_p$ 或它的子域 $\mathbf{Q}_p$ 和子域的整数环 $\mathbf{Z}_p$ 时就有群 G

的 p-adic 表示.

有限群的表示理论起源于19世纪末弗罗伯尼(Frobenius)的工作,自从20世纪交换代数兴起之后群的表示理论才开始使用模论的语言,设 $\rho:G\to GL_n(R)$ 是有限群 G 在交换环 R 上的一个 n 次表示,则通过 ρ 将 G 作用到表示空间 R^n 上,即对于 $g\in G$,g 在 R^n 上的作用指的是线性变换 $\rho(g)$,于是群环 $R[G]$ 作用在 R^n 上,此时 R^n 是 $R[G]$ - 模,更一般地对于任意 $R[G]$ - 模 M 均可以使用表示论的方法来研究 M 的 $R[G]$ - 模结构. 再设 G 是有限阿贝尔乘法群,$\hat{G}$ 是 G 的特征群,这里每个特征 $\chi:G\to G^*$ 都是 G 的1次复表示且 $G^*=GL_1(\mathbf{C})$,而 $\mathbf{C}|G|$ 中 $|G|$ 个元素 $\varepsilon_\chi=\frac{1}{|G|}\sum_{g\in G}\chi(a)a^{-1}$ 是 $\mathbf{C}[G]$ 的正交幂等元,即 $\varepsilon_\chi^2=\varepsilon_\chi$ 和 $\varepsilon_\chi\varepsilon_\lambda=0$,其中 $\chi,\lambda\in\hat{G}$ 和 $\chi\neq\lambda$,以及有 $\sum_{x\in\hat{G}}\varepsilon_\chi=1$. 进而环 $\mathbf{C}[G]$ 有子模直和分解 $R=\mathbf{C}[G]=\bigoplus_{x\in\hat{G}}R_\chi$ 和 $R_\chi=\varepsilon_\chi R$,以及每个 R - 模 M 均有 R - 子模直和分解 $M=\bigoplus_{x\in\hat{G}}M_\chi$ 和 $M_\chi=\varepsilon_\chi M$. 又设 G 为 $p-1$ 阶循环群,其中 p 是素数,则对 G 的特征 χ 有 $\chi(g)$ 均为 $p-1$ 次单位根,其中 $g\in G$,由于 $\mathbf{Z}_p$ 中存在 $p-1$ 次本原单位根,故 χ 为 p-adic 特征,即 $\chi:G\to\mathbf{Z}_p$,于是

$$\varepsilon_\chi=\frac{1}{p-1}\sum_{g\in G}\chi(g)g^{-1}\in\mathbf{Z}_p[G]$$

这里 $\frac{1}{p-1}\in\mathbf{Z}_p$,进而对每个 $\mathbf{Z}_p[G]$ - 模 M 均有 $\mathbf{Z}_p[G]$ - 子模直和分解 $M=\bigoplus_{x\in\hat{G}}M_\chi$ 和 $M_\chi=\varepsilon_\chi M$.

数论中使用表示论其实是从高斯和狄利克雷开始的,二次剩余的勒让德符号,高斯和以及狄利克雷 L - 函数 $L(s,\chi)$ 中所使用的模 m 狄利克雷特征就是有限阿贝尔群 $(\mathbf{Z}/m\mathbf{Z})^*$ 的特征或一次表示,而在研究高斯和以及 $L(s,\chi)$ 的性质时均使用了特征的正交关系. 而对于数域的伽罗瓦扩张 L/K,它的伽罗瓦群 $\mathrm{Gal}(L/K)$ 自然作用在 L 的整数环 O_K 上,甚至是作用在 L 的分式理想群 $I(L)$、理想类群 $C(L)$ 和单位群 $U(L)$ 上,事实上上述这些数论的对象作为交换群也都是 $\mathbf{Z}$ - 模进而是 $\mathbf{Z}[G]$ - 模,故研究上述这些数论对象的 $\mathbf{Z}$ - 模结构即伽罗瓦模结构就成了代数数论中的中心课题. 对于伽罗瓦扩张 $K/\mathbf{Q}$,它的伽罗瓦群为 $G=\mathrm{Gal}(K/\mathbf{Q})$,则整数环 O_K 是循环 $\mathbf{Z}[G]$ - 模,即存在 $\alpha\in O_K$ 使得 $\{\sigma(\alpha)\mid\sigma\in G\}$ 是 O_K 的一组整基. 这类研究一直持续进行并得到了许多深刻的结果和猜

想,在现代分圆域理论中主要包括理想类群或单位群的 $\mathbf{Z}[G]$ - 模或 $\mathbf{Z}_p$ - 模结构的问题,这里 G 是有限阿贝尔群. 下面的第一个重要的结果是 Stickelberger 在 1890 年的时候给出的.

Stickelberger **定理**　设 K 是阿贝尔域,则它是分圆域 $\mathbf{Q}(\zeta_m)$ 的子域,其中 m 为域 K 的导子,而伽罗瓦群 $G = \mathrm{Gal}(K/\mathbf{Q})$ 同构于 $(\mathbf{Z}/m\mathbf{Z})^*$ 的一个商群,当 $(a,m)=1$ 时,$\mathbf{Q}(\zeta_m)$ 中自同构 σ_a 在 K 中的限制为 $\sigma_a(\zeta_m)=\zeta_m^a$,于是称元素 $\theta(K)=\sum\limits_{\substack{(a,m)=1\\1\leqslant a<m}}\frac{a}{m}\sigma_a^{-1}\in\mathbf{Q}[G]$ 为 Stickelberger 元素,以及 $I=\mathbf{Z}[G]\wedge\theta(K)\mathbf{Z}[G]$ 是 $\mathbf{Z}[G]$ 的理想,即 Stickelberger 理想. 对所有的 $\beta\in I$ 和 K 的全部分式理想 A,β 作用于 A 后得到的 A^β 一定是主分式理想,即 Stickelberger 理想 I 零化 K 的理想类群.

证明　我们分析理想 I 的结构, 即对每个与 m 互素的整数 a, 有 $(a-\sigma_a)\theta(K)\in\mathbf{Z}[G]$,故根据定义可知 $(a-\sigma_a)\theta(K)\in I$,于是可以得到 I 是所有这样的元素 $(a-\sigma_a)\theta(K)$ 生成的理想. 考虑高斯和的理想分解,对于属于分圆域 K 的高斯和 g,我们给出主理想 (g) 在 O_K 中的素理想分解式 $(g)=gO_k=p_1^{\alpha_1}p_2^{\alpha_2}\cdots p_r^{\alpha_r}$,其中 $G=\mathrm{Gal}(K/\mathbf{Q})$ 在素理想集合 $\{P_1,P_2,\cdots,P_r\}$ 上的作用是可迁的,即存在素理想 P 使得对某个 $\sigma_i\in G$ 有 $P_i=P^{\sigma_i}$,于是 $(g)=P^\beta$,其中 $\beta=\alpha_1\sigma_1+\alpha_2\sigma_2+\cdots+\alpha_r\sigma_r\in\mathbf{Z}[G]$,通过计算表明 β 具有形式 $(a-\sigma_a)\theta(K)$,而 β 将 P 变成主理想 (g),即 β 将理想类 $[P]$ 零化. 如果使用足够多的高斯和的素理想分解式,那么就可以得到所有元素 $(a-\sigma_a)\theta(K)$ 把每一个理想类零化,因此 I 零化 K 的整个理想类群.

1932 年法国数学家 Herbrand 利用 Stickelberger 定理继续推进库默尔关于分圆域理论的工作. 对于素数 $p\geqslant 5$,如果用 h_p 和 h_p^+ 分别表示 $K=\mathbf{Q}(\zeta_p)$ 和 $K^+=\mathbf{Q}(\zeta_p+\bar{\zeta}_p)$ 的理想类数,库默尔证明了 $h_p^-=h_p/h_p^+$ 是正整数且 $p\mid h_p\Leftrightarrow p\mid h_p^-\Leftrightarrow p$ 整除伯努利数 $B_2,B_4,\cdots,B_{p-3}$ 的某个分子,即存在 n 满足 $1\leqslant n\leqslant\frac{p-3}{2}$ 使得 $v_p(B_{2n})\geqslant 1$.

下面我们用表示论的观点重新叙述上面的结果. 如果用 A 和 A^+ 分别表示 K 和 K^+ 的理想类群 $C(K)$ 和 $C(K^+)$ 的 Sylow p - 子群,那么 $|A|$ 和 $|A^+|$ 分别等于 h_p 和 h_p^+ 的 p　部分,于是 $p\mid h_p\Leftrightarrow|A|>1\Leftrightarrow A\neq(1)$,进而群 $G=\mathrm{Gal}(K/\mathbf{Q})$ 自然作用于理想类群 $C(K)$ 上,同时也自然作用于 Sylow p - 子群 A 上. 另外 A

是有限阿贝尔 p - 群，所有元素 $a\in A$ 的阶具有形式 p^l，其中 $l\geqslant 0$，而对于每个 $\mathbf{Z}_p$ 中的 p-adic 整数 $\alpha=\sum_{i=0}^{\infty}a_ip^i$，当 $i\geqslant l$ 时 $a^{p^i}=1$，故 α 对 a 的作用为 $a^{\alpha}=a^{a_0+a_1p+\cdots+a_{l-1}p^{l-1}}$，此时 $\mathbf{Z}_p$ 自然作用在 A 上，进而得到 A 是 $\mathbf{Z}_p[G]$ - 模. 注意到 G 是 $p-1$ 阶循环群且同构于 $(\mathbf{Z}/p\mathbf{Z})^*$，故 G 的特征就是模 p 狄利克雷特征且这些特征的取值在 $\mathbf{Z}_p$ 中，以及 $\hat{G}$ 为 $p-1$ 阶循环群则是由 Techmuller 特征 ω 生成，其中对每个与 p 互素的整数 a，$\omega(a)$ 是 $\mathbf{Z}_p$ 中的 $p-1$ 次单位根且满足 $\omega(a)\equiv a(\bmod p)$，于是 $\hat{G}=\{\omega^i\mid i=0,1,\cdots,p-2\}$，令 ε_{ω^i} 为 $\mathbf{Z}_p[G]$ 中的正交幂等元，则 A 作为 $\mathbf{Z}_p[G]$ - 模有直和分解 $A=\bigoplus_{i=0}^{p-2}A_i$ 和 $A_i=\varepsilon_{\omega^i}A$，由于偶特征全体 $\{\omega^i\mid 0\leqslant i\leqslant p-2,2\mid i\}$ Gal$(K^+/\mathbf{Q})$ 的特征群，故 $\bigoplus_{i=0,2\mid i}^{p-2}A_i$ 同构于 A^+，于是对于 $A^-=\bigoplus_{i=0,2\mid i}^{p-2}A_i$ 有 $|A^-|$ 就是 h_p^- 的 p - 部分，即 $|A^-|=p^{v_p(h_p^-)}$，显然有 $A_1=(1)$，因此库默尔的结果可以表述为 $p\mid h_p^-\Leftrightarrow$ 存在某个 $i=3,5,\cdots,p-2$ 使得 $A_i\neq(1)\Leftrightarrow$ 存在某个 $i=2,4,\cdots,p-3$ 使得 $v_p(B_i)\geqslant 1$.

赫伯兰德(Herbrand)证明了对每个 i 满足 $2\nmid i$ 和 $3\leqslant i\leqslant p-2$，如果 $A_i\neq(1)$，那么 $v_p(B_{p-i})\geqslant 1$. 而几十年后到了 1976 年，Ribet 证明了上述的结果的逆，即如果 $v_p(B_{p-i})\geqslant 1$，那么 $A_i\neq(1)$，于是 $A_i\neq(1)\Leftrightarrow v_p(B_{p-i})\geqslant 1$，这就推进了库默尔的工作. 而赫伯兰德的结果在证明过程中使用了 Stickelberger 定理，尤其是有了 p-adic L - 函数以后可以对上面的结果有更深刻的理解，事实上 Ribet 的结果在证明过程中使用了模形式和代数几何的方法. 1987 年 K. Rubin 使用 Kolyvagin 方法证明了 Ribet 的结果，1992 年 Harder 和 Pink 则给出了 Ribet 的结果的另一个证明.

而在 1958 年的时候，数学家 Leopoldt 同样将库默尔的结果 $p\mid h_p\Leftrightarrow p\mid h_p^-$ 做了进一步推进，于是就有了下面的 Leopoldt 反射定理.

Leopoldt **反射定理**　设 i 为偶数且满足 $0\leqslant i\leqslant p-3$，而 $j=p-2-i$，则 A_i 的 p - 秩 $\leqslant A_j$ 的 p - 秩 $\leqslant A_i$ 的 p - 秩 $+1$，其中对每个有限阿贝尔 p - 群 A_i，A_i 的 p - 秩是指 A_i/A_i^p 在有限域 F_p 上的维数.

Leopoldt 反射定理可以推广到阿贝尔数域上，故可以用 p-adic L - 函数对上述定理做出解释，即为 Mazur 和 Wiles 所证明的在 $\mathbf{Q}$ 上成立的 Iwasawa 主猜想的推论，于是得到下面的群同构，如果 $i=3,5,\cdots,p-2$，那么 $A_i\cong\mathbf{Z}_p/L_p(0,$

ω^{1-i})$\mathbf{Z}_p$,而 Leopoldt 反射定理可以根据 p-adic L - 函数的解析特性推出. 但是对每个奇素数 p 有 $p \nmid h_p^+$,这个结果至今仍是一个谜,即 Vandiver 猜想,事实上目前数学家们已经验证了当 $p < 4 \times 10^6$ 的情形下这一猜想是正确的且根据 Vandiver 猜想得到了很多分圆域理论中的重要的结果,而库默尔把 Vandiver 猜想称作待证明的定理.

上面我们讨论了对于分圆域和阿贝尔域的类群的相关研究,事实上除了上面的结果以外数学家们还综合使用了代数和解析的方法. 1971 年 Montgomery 和 Uchida 各自独立地证明了库默尔的猜想,即对于奇素数 $p \leqslant 19$ 时 $h_p = 1$, 1976 年 Masley 使用相同的方法得到了类数为 1 的全部分圆域 $\mathbf{Q}(\zeta_m)$ 共 30 个,下面我们来介绍关于分圆单位群的研究结果.

对于每个正整数 $m \not\equiv 2 \pmod 4$,分圆域 $\mathbf{Q}(\zeta_m)$ 的单位群 U_m 可以分解为直积 $U_m = W_m \times V_m$,其中 W_m 是整数环 $O_K = \mathbf{Z}[\zeta_m]$ 中的单位根循环群,且当 $4 \mid m$ 时阶为 m 而当 $2 \nmid m$ 时阶为 $2m$,V_m 则是秩为 $r = \frac{1}{2}\varphi(m) - 1$ 的自由阿贝尔群. 对于 K 的最大实子域 $K^+ = \mathbf{Q}(\zeta_m + \overline{\zeta}_m)$,它的单位群为 $U_m^+ = (\pm 1) \times V_m^+$,其中 V_m^+ 也是秩为 $r = \frac{1}{2}\varphi(m) - 1$ 的自由阿贝尔群. 事实上库默尔证明了 U_m 中的单位元素均可以表示为 U_m^+ 中的单位(其实是实单位)和单位根之积,故取 $V_m = V_m^+$,即取 K^+ 的 r 个实单位,这些实单位同时是 K 和 K^+ 的基本单位系,当 m 充分大时构造这样的一组实单位系是十分困难的,而库默尔当年却发现有 r 个非常简单的实单位 ζ_m 以及 $\varepsilon_a = \dfrac{1-\zeta_m^a}{1-\zeta_m}\zeta_m^{\frac{1-a}{2}} = \dfrac{\zeta_m^{-\frac{a}{2}} - \zeta_m^{\frac{a}{2}}}{\zeta_m^{-\frac{1}{2}} - \zeta_m^{\frac{1}{2}}} = \dfrac{\sin\left(\dfrac{a\pi}{m}\right)}{\sin\left(\dfrac{\pi}{m}\right)}$ 是分圆单位,其中 $1 < a < \frac{m}{2}$ 和 $(a,m) = 1$. 对于 $m = p$ 的情形,这 r 个分圆单位是相互独立的,即彼此之间没有乘法关系,于是生成 U_p 和 U_p^+ 的一个秩为 r 的自由阿贝尔群 C_p^+,这其实是分圆单位群,进而 U_p^+/C_p^+ 和 U_p/C_p^+ 都是有限群,由于 K^+ 的理想类数 h_p^+ 的解析公式中包含这些分圆单位的对数值,故得到当 $m = p$ 时有

$$[U_p : W_p C_p^+] = [U_p^+ : C_p^+] = h_p^+$$

当 $m = p^n$ 时有类似的结果,而根据希尔伯特的《数论报告》可知,对于一般的 m,如果构造 r 个分圆单位可能不是相互独立的,那么分圆单位群 C_m^+ 的秩会

小于整个单位群 U_m 和 U_m^+ 的秩 $r=\frac{1}{2}\varphi(m)-1$. 在 1965 年 Ramachandra 证明了希尔伯特的论断是正确的,即当 m 有 4 个不同的素因子时 C_m^+ 的秩一定小于 r. 到了 1978 年 Sinnott 把分圆域 $\mathbf{Q}(\zeta_m)$ 和它的所有阿贝尔子域的分圆单位合在一起生成一个更大的分圆单位群 $\widetilde{C_m^+}$ 并证明了这个群的秩为 r,然后还对他的伽罗瓦模结构采取了上同调作为工具进行精确计算,随后得出了 $[U_m^+:\widetilde{C_m^+}]=2^b\cdot h_m^+$,其中 b 为某个确定的非负整数,两年后 Sinnott 又将他的结果推广到了任意的阿贝尔域.

既然上面的结果给出了实阿贝尔域的单位群和理想类数之间的关系,那么很自然的一个问题就是代数数论中的两大最主要的研究对象——类群和单位群在分圆域的情形下是否在结构上有联系. 当 $K=\mathbf{Q}(\zeta_p+\bar{\zeta}_m)$ 时库默尔的结果为 $[U_p^+:C_p^+]=h_p^+$,这意味着群 U_p^+/C_p^+ 和 K^+ 的理想类群 $C(K^+)$ 有相同的阶,于是下一个问题就是这两个群作为伽罗瓦模或 $\mathbf{Z}[G]$ - 模是否同构,即 $\mathrm{Gal}(K^+/\mathbf{Q})\cong(\mathbf{Z}/p\mathbf{Z})^*/(\pm 1)$ 是否成立,事实上数学家们已经找到了反例,即当 $p=62\ 501$ 时上面的同构式并不成立. 进而还可以提出一个问题就是这两个群作为有限阿贝尔群是否一定同构,而这个问题至今没有确切的结论,甚至它们的 p - 部分作为阿贝尔群是否同构也是一个开放的问题. 因此 $C(K^+)$ 的 sylow p - 子群作为 $\mathbf{Z}_p[G]$ 模有直和分解 $A^+=\bigoplus\limits_{i=2,2|i}^{p-3}A_i$ 和 $A_i=\varepsilon_iA^+$,而 U_p^+/C_p^+ 的 Sylow p - 子群作为 $\mathbf{Z}_p[G]$ - 模也有直和分解 $U^{(p)}=\bigoplus\limits_{i=2,2|i}^{p-3}U_i^{(p)}$ 和 $U_i^{(p)}=\varepsilon_iU^{(p)}$,目前最好的结果仍然是对每个 $i=2,4,\cdots,p-3$ 均有 $|A_i|=|U_i^{(p)}|$,这就是 Mazur 和 Wiles 证明的在 $\mathbf{Q}$ 情形下的 Iwasawa 主猜想的一个推论. 1990 年的时候 Kolyvagin 运用较为初等的方法——欧拉体系方法重新证明了这一结果,同时 Rubin 使用 Kolyvagin 的方法也重新证明了 $\mathbf{Q}$ 情形下的 Iwasawa 主猜想.

由于 h_p^+ 是类群 $C(K^+)$ 的阶同时也是群 U_p^+/C_p^+ 的阶,而相对类数 h_p^- 却只是两个类数的商 h_p/h_p^+,故我们可以提出一个很自然的问题为 h_p^- 是否有代数上的表示方式. 早在 1962 年的时候 Iwasawa 就对 $m=p^l$ 的情形给出了 h_p^- 的一种代数表达式,即令 $K=\mathbf{Q}(\zeta_{p^l})$ 和 $G=\mathrm{Gal}(K/\mathbf{Q})=\{\sigma_a\mid 1\leqslant a\leqslant p^l,(a,p)=1\}$,则有 Stickelberger 元素 $\theta(K)=\frac{1}{p^l}\sum\limits_{\substack{1\leqslant a\leqslant p^l\\(a,m)=1}}a\sigma a^{-1}\in\mathbf{Q}[G]$ 和 $\mathbf{Z}[G]$ 的 Stickelberger

理想 $I=\mathbf{Z}[G]\wedge\theta(K)\mathbf{Z}[G]$. 如果考虑 $I^-=I\cap\mathbf{Z}[G]^-$ 和 $\mathbf{Z}[G]=(1-\sigma_{-1})\mathbf{Z}[G]=\{x\in\mathbf{Z}[G]\mid\sigma_{-1}x=-x\}$,那么 I^- 是 $\mathbf{Z}[G]^-$ 的 $\mathbf{Z}[G]$ - 子模,并且 Iwasawa 证明了 $[\mathbf{Z}[G]^-:I^-]=h_p^-$. 后来 Sinnott 在 1978 年和 1980 年分别将上面的结果推广到任意分圆域和阿贝尔域上. 如果用 $C(K)$ 和 $C(K^+)$ 分别表示 $K=\mathbf{Q}(\zeta_{p^l})$ 和 $K^+=\mathbf{Q}(\zeta_{p^l}+\bar{\zeta}_{p^l})$ 的理想类群,那么有 $h_p^-=[C(K):C(K^+)]$,然后又是一个很自然的问题即是否存在 $\mathbf{Z}[G]$ - 模同构 $\mathbf{Z}[G]^-/I^-\cong C(K)/C(K^+)$,这个问题同样存在反例,即当 $p=4\ 027$ 时上面的同构式并不成立,于是考虑这两者的 p - 部分,设 $C(K)/C(K^+)$ 的 Sylow p - 子群为 A - 和 $\mathbf{Z}[G]^-/I^-$ 的 p - 部分为 $(\mathbf{Z}[G]^-/I^-)_p$,进而研究作为 $\mathbf{Z}_p[G]$ - 模是否有 $A^-\cong(\mathbf{Z}[G]^-/I^-)_p$,目前最好的结果是当 Vandiver 猜想 $p\nmid h_p^+$ 成立时上面的同构成立.

至此我们讨论了阿贝尔域的类群和单位群的伽罗瓦模性质. 往前追溯到 1920 年,Hecke 研究任意数域的阿贝尔扩张 L/K,此时 $\mathrm{Gal}(L/K)$ 是阿贝尔群,Hecke 利用类域论构造了某种 L - 函数 $L(s,\chi)$ 并给出解析延拓和函数方程,称这样的函数为 Hecke L - 函数,于是利用它的解析性质就可以得到 O_K 中的素理想在 L 中具有某种分解性质. 在 1923 年阿廷(Artin) 对任意伽罗瓦扩张 L/K 也构造了某种 L - 函数并利用伽罗瓦群 $\mathrm{Gal}(L/K)$ 的复表示,而阿廷 L - 函数起初用于研究 O_K 中的素理想在 L 中具有某种分解性质,后来用于研究 L 的单位群.

接下来我们来定义阿廷 L - 函数. 设 $\rho:G\to GL_n(\mathbf{C})$ 是群 G 的一个复表示,而 χ 为复表示 ρ 的特征,对于 O_K 和 O_L 的非零素理想 P 和 P 满足 $P\mid Q$,以及 Z_P 和 T_P 分别为 P 关于 L/K 的分解群和惰性群,再令 $V_p=\{U\in V\mid gn=g,\forall G\in T_p\}$ 为表示空间 $V=\mathbf{C}^n$ 对于 T_p 的固定子空间,则 V_P 是 $\mathbf{C}[Z_p/T_p]$ - 模,当 P 为非分歧理想时 $T_p=\{1\}$,于是对几乎所有的 P 均有 $V_P=V$. 如果 σ_P 是 Z_P/T_P 的弗罗伯尼自同构生成元,那么 $1-NQ^{-s}\sigma_P$ 作用在 V_P 上且这种作用的行列式 $\det(1-NQ^{-s}\sigma_P)$ 只依赖于 Q,由于 $\det(1-NQ^{-s}\sigma_P)$ 是关于 NQ^{-s} 的多项式且次数小于等于 $[L:K]$,故行列式 $\det(1-NQ^{-s}\sigma_p)$ 也只与 ρ 的共轭类有关,进而为特征 χ 的函数,因此阿廷 L - 函数定义为 $L(s,\chi)=\prod_Q L_Q(s,\chi)=\prod_Q\det(1-NQ^{-s}\sigma_p)$,可以验证阿廷 L - 函数在区域 $\mathrm{Re}(s)>1$ 中收敛并满足下面的性质:

（i）如果 χ_1 和 χ_2 均为 G 的特征,那么 $L(s,\chi_1+\chi_2)=L(s,\chi_1)L(s,\chi_2)$.

（ii）如果 H 是 G 的正规子群,χ 是 G/H 的特征,再将] chi 提升为 G 的特征

χ',那么 $L(s,\chi')=L(s,\chi)$.

(ⅲ) 如果 H 是 G 的子群,χ 是 H 的特征,令 $\mathrm{ind}_H^G\chi$ 表示 χ 在 G 上的诱导特征,那么 $L(s,\mathrm{ind}_H^G\chi)=L(s,\chi)$.

(ⅳ) 如果 G 是阿贝尔群,χ 是 G 的一次表示特征,那么 $L(s,\chi)$ 是 Hecke L-函数,故 $L(s,\chi)$ 有解析延拓和函数方程且在 $s=1$ 处有极点,事实上这个极点是单极点.

最后根据表示理论中的Brauer定理可知,G的每个特征都是循环群 H_i 的特征 χ_i(所诱导的特征的线性组合 $\chi=\sum\limits_{i=1}^{m}n_i\mathrm{ind}_{H_i}^G\chi_i$,其中 $n_i\in\mathbf{Z}$,故 $L(s,\chi)=\prod\limits_{i=1}^{m}L(s,\chi_i)^{n_i}$,于是由上面的性质(ⅳ)得到阿廷 L-函数均可以解析延拓为整个复平面的亚纯函数.

而阿廷的一个著名的猜想为如果 χ 不包含平凡特征,即取值为1,那么 $L(s,\chi)$ 为复平面上的全纯函数. 根据上面的性质(ⅲ)和(ⅳ)可知,由一次表示特征诱导的 χ 使得 $L(s,\chi)$ 为全纯函数,然后立马由阿廷猜想推出代数数论中对于戴德金(Dedekind) L-函数的一个重要猜想,即对任意数域扩张 L/K,$\zeta_L(s)/\zeta_K(s)$ 是复平面上的全纯函数,事实上这个猜想在许多情形下都有了令人满意的结果但并未完全解决.

本章全面介绍了现代分圆域理论以及有限群表示理论在代数数论上的应用,那么自然就有无限群的表示理论在数论中的应用,后来发展出了朗兰兹(Langlands)纲领,这里我们就不再展开了.

基于 $\mathbf{Z}_{2p^m}$ 上二阶广义割圆的量子可同步码①

第11章

中国石油大学(华东)理学院的孙诗文,中国石油大学(华东)经济管理学院的牟丹阳两位教授2023年基于 $\mathbf{Z}_{2p^m}$ 上的二阶广义割圆构造一类新型的量子可同步码,此类纠错码具有最优的纠正信息块同步错误的能力,其可同步能力总是其上界 $2p^m$. 此外,这类码字对由量子噪声引起的比特错误和相位错误也具有一定的纠错能力. 最后,给出一些具有最优块可同步能力的量子可同步码.

11.1 引　　言

量子可同步码是一类特殊的量子纠错码,其不仅可以纠正量子信息块在传输中的同步错位,还可以纠正由量子噪声引起的比特错误和相位错误,因此,使用量子可同步码是量子传输过程中保证信息完整性和可靠性的重要手段②③④一般来说,量子噪声由作用于量子位上的算子来描述,最一般的模型是单独作用于每个量子位上

① 摘自《山东大学学报》(理学版)2023年12月第58卷第12期.

② SHOR P W. Scheme for reducing decoherence in quantum computer memory[J]. Physical Review A, 1995, 52(4):R2493.

③ STEANE A. Multiple-particle interference and quantum error correction[J]. Proceedings of the Royal Society A: Mathematical, Physical and Engineering Sciences, 1996, 452(1954):2551-2577.

④ CALDERBANK A R, SHOR P W. Good quantum error-correcting codes exist[J]. Physical Review A, 1996,54(2):1098.

Pauli 算子的线性组合[①②]. 对于信息块同步错误,其产生的原因是信息处理装置错误地定位了信息块的边界,比如,存在 3 个量子信息位 q_0,q_1,q_2. 将 5 个连续的量子比特进行编码形成有序的信息块,若现在有 3 个信息块组成的量子信息 $|\varphi_0\rangle|\varphi_1\rangle|\varphi_2\rangle$,则这个量子信息由 15 个有序的量子比特组成. 如果在处理量子序列时向左发生 3 位信息偏移,量子信息处理装置就会错误地读出 $|\varphi_1\rangle$,此时 $|\varphi_1\rangle$ 中的量子比特 3 个来自 $|\varphi_0\rangle$,2 个来自 $|\varphi_1\rangle$.

2013 年,Fujiwara 等[③] 通过最小距离分别为 d_1 和 d_2 的 2 个循环码 C_1,C_2 构造出一类量子可同步码,并且证明了利用此方法构造的量子可同步码的可同步性能达到 $f(x)$ 的阶,其中 $f(x)=\frac{g_1(x)}{g_2(x)}$,$g_1(x),g_2(x)$ 分别为循环码 C_1,C_2 的生成多项式[③④]. 在这些理论的基础上,基于二次剩余码以及其超码[⑤]、非二元循环码[⑥]、非二元重根循环码[⑦]、对偶码、Bose-Chaudhuri-Hocquenghem code(BCH 码)以及 Reed-Solomon 码[⑧]构造出了量子可同步码. 2019 年,Li 等[⑨]提出了通过四阶割圆类构造量子可同步码的方法. 随后,Luo 等[⑩]由循环码和负循环码基于

---

① NIELSEN M A, CHUANG I L. Quantum computation and quantum information [M]. Cambridge: Cambridge University Press, 2011.

② LIDAR D A, BRUN T A. Quantum error correction [M]. Cambridge: Cambridge University Press, 2013.

③ FUJIWARA Y, TONCHEV V D, WONG T W H. Algebraic techniques in designing quantum synchronizable codes[J]. Physical Review A, 2013, 88(1):012318.

④ FUJIWARA Y. Block synchronization for quantum information[J]. Physical Review A, 2013,87(2):022344.

⑤ XIE Yixuan, YUAN Jinhong, FUJIWARA Y. Quantum synchronizable codes from quadratic residue codes and their supercodes[C]//2014 IEEE Information Theory Workshop(ITW 2014). New York: IEEE, 2014:172-176.

⑥ XIE Yixuan, Yang Lei, YUAN Jinhong: *q*-Ary chain - containing quantum sychronizable codes [J]. IEEE Communications Letters, 2016, 20(3):414-417.

⑦ LUO Lan, MA Zhi. Non-binary quantum synchronizable codes from repeated-root cyclic codes[J]. IEEE Transcations on Information Theory, 2018,64(3):1461-1470.

⑧ GUENDA K, LA GUARDIA G G, GULLIVER T A. Algebraic quantum synchronizable codes[J]. Journal of Applied Mathematics and Computing, 2017,55(1/2):393-407.

⑨ LI Lanqiang, ZHU Shixin, LIU Li. .Quantum synchronizable codes from the cyclotomy of order four [J]. IEEE Communications Letters, 2019,23(1):12-15.

⑩ LUO Lan, MA Zhi, LIN Dongdai. Two new families of quantum synchronizable codes[J]. Quantum Information Processing, 2019,18(9):277.

$(u+v|u-v)$ 构造了新的量子可同步码；Du 等①由常循环码和重根循环码基于 $(\lambda(u+v)|u-v)$ 构造了一类新型量子可同步码. 2021 年，Liu 等②提出了 2 种在有限环上基于循环码和常循环码构造量子可同步码的方法，其中一种方法应用于对偶包含码，另一种方法应用于格雷映射的像. 同年，Shi 等③基于 Whiteman 广义割圆得到了一些新的量子可同步码并且给出了其纠正量子比特错误和量子相位错误能力的下界；Dinh 等④基于 $\mathbf{F}_{p^m}$ 上长度为 $5p^s$ 的循环码构造了一些新的量子可同步码和一些新的量子极大距离可分码（maximum distance separable code，MDS 码）.

11.2　预备知识

本节介绍一些关于循环码以及分圆陪集的基本定义和结论.

1. 循环码及其对偶码

令 $\mathbf{F}_q$ 为具有 q 个元素的有限域，其中 q 为素数幂. $\mathbf{F}_q$ 上一个 $[n,k,d]$ 线性码 C 是 $\mathbf{F}_q^n$ 的一个 k 维子空间，其中 d 表示 C 的极小距离. 当线性码 C 为循环码时，其满足如下条件：若 $(c_0,c_1,\cdots,c_{n-1})$ 是 C 中的一个码字，那么 $(c_{n-1},c_0,\cdots,c_{n-2})$ 也是 C 中的一个码字⑤. 每一个循环码都可以看作主理想环 $\mathbf{F}_q[x]/(x^{n-1})$ 的一个理想. 此外，如果 C 是 $\mathbf{F}_q[x]/(x^n-1)$ 中的一个非零理想，并且 $g(x)$ 是 C 中次数最低的非零、首一多项式，那么 $g(x)$ 为 C 的生成多项式并且有 $g(x)\mid x^n-1$.

---

① DU Chao, MA Zhi, LUO Lan, et al. On a family of quantum synchronizable codes based on the $(\lambda(u+v)|u-v)$ construction[J]. IEEE Access, 2019,8(99):8449-8458.

② LIU Hualu, LIU Xiusheng. Quantum synchronizable codes from finite rings[J]. Quantum Information Processing, 2021,20(3):125.

③ SHI Xiaoping, YUE Qin, HUANG Xinmei. Quantum synchronizable codes from the Whiteman's generalized cyclotomy[J]. Cryptography and Communications, 2021,13(5):727-739.

④ DINH H Q, NGUYEN B T, TANSUCHAT R. Quantum MDS and synchronizable codes from cyclic codes of length $5p^s$ over $\mathbf{F}_{p^m}$[J]. Applicable Algebra in Engineering, Communication and computing, 2021,32(6):1-34.

⑤ LING San, XING Chaoping. Coding theory: a first course[M]. Cambridge: Cambridge University Press, 2004.

本章称 $h(x)=\dfrac{x^n-1}{g(x)}$ 为码 C 的校验多项式，称 $\widetilde{h}(x)=h(0)^{-1}x^k(x^{-1})$ 为 $h(x)$ 的互反多项式. 码 C 的欧几里得对偶码的定义为 $C^{\perp}=\{c'\in\mathbf{F}_q^n\mid(c',c)=0,\forall c\in C\}$，其中，$(c',c)$ 为 c 和 c' 的欧几里得内积. $\widetilde{h}(x)$ 为 $C^{\perp}$ 的生成多项式. 若 C 在所有的 q 元 $[n,k]$ 线性码中有最大的极小距离，那么称 C 为最优的. 如果存在一个 q 元 $[n,k,d+1]$ 线性码是最优的，那么称 C 为几乎最优的. 有 $\mathbf{F}_q$ 上的循环码 $C_1=\langle g_1(x)\rangle$ 及 $C_2=\langle g_2(x)\rangle$，若 $C_1\subseteq C_2$，则称 C_2 为 C_1 的增强码；若 $C_1^{\perp}\subset C_1$，则称 C_1 为对偶包含码. 在本章中，我们假设 $\gcd(n,q)=1$，此时 x^n-1 在 $\mathbf{F}_q$ 上没有重因子. 在 $\mathbf{F}_q$ 上给出 x^n-1 的一个不可约因式分解

$$x^n-1=f_1(x)f_2(x)\cdots f_s(x)h_1(x)h_1^*(x)\cdots h_t(x)/h_t^*(x)$$

其中，每一个 $f_i(x)$ 是一个自反不可约多项式.

2. 广义割圆类与分圆陪集

令 p 是一个奇素数，2 是模 p^2 的本原根，令 $g=2+p^m$，则 g 为模 p^j 和模 $2p^j$ 的公共本原根，其中 $1\leqslant j\leqslant m$①.

定义 $\mathbf{Z}_{2p^m}$ 上的割圆类如下

$$D_0^{(p^j)}=\left\{g^{2s}(\bmod p^j):s=0,1,\cdots,\frac{\varphi(p^j)}{2}-1\right\}$$

$$D_1^{(p^j)}=\left\{g^{2s+1}(\bmod p^j):s=0,1,\cdots,\frac{\varphi(p^j)}{2}-1\right\}$$

$$D_0^{(2p^j)}=\left\{g^{2s}(\bmod 2p^j):s=0,1,\cdots,\frac{\varphi(2p^j)}{2}-1\right\}$$

$$D_1^{(2p^j)}=\left\{g^{2s+1}(\bmod 2p^j):s=0,1,\cdots,\frac{\varphi(2p^j)}{2}-1\right\}$$

其中 $D_0^{(n)}$ 和 $D_1^{(n)}$ 记为关于 n 的二阶广义割圆类②. 容易发现

$$\mathbf{Z}_{2p^j}^*=D_0^{(2p^j)}\cup D_1^{(2p^j)},\mathbf{Z}_{p^j}^*=D_0^{(p^j)}\cup D_1^{(p^j)},\mathbf{Z}_2^*=\{1\}$$

$$\mathbf{Z}_{2p^m}=\bigcup_{j=1}^{m}(p^{m-j}D_0^{(2p^j)}\cup p^{m-j}D_1^{(2p^j)}\cup 2p^{m-j}D_0^{(p^j)}\cup$$

① ZHANG Jingwei, ZHAO Changan, MA Xiao. Linear complexity of generalized cyclotomic binary sequences of length $2p^m$[J]. Applicable Algebra in Engineering, Communication and Computing, 2010,21(2):93-108.

② DING Cunsheng, HELLSETH T. New generalized cyclotomy and its applications[J]. Finite Fields and Their Applications, 1998, 4(2):140-166.

$$2p^{m-j}D_1^{(p^j)})\cup p^m\mathbf{Z}_2^*\cup\{0\}$$

其中 $\mathbf{Z}_n^*=\{1\leqslant i\leqslant n-1:\gcd(i,n)=1\}$①.

引理 1　对于 $\mathbf{Z}_{2p^m}^*$ 中任意的元素 t,满足

$$tD_i^{(p^j)}=\begin{cases}D_i^{(p^j)},t\in D_0^{(2p^m)}\\D_{i+1}^{(p^j)},t\in D_1^{(2p^m)}\end{cases}$$

其中 $i=0,1$ 且 $1\leqslant j\leqslant m$.

引理 2①　对于 $\mathbf{Z}_{2p^m}^*$ 中任意的元素 t,满足

$$tD_i^{(2p^j)}=\begin{cases}D_i^{(2p^j)},t\in D_0^{(2p^m)}\\D_{i+1}^{(2p^j)},t\in D_1^{(2p^m)}\end{cases}$$

其中 $i=0,1$ 且 $1\leqslant j\leqslant m$. 若 $t\in\mathbf{Z}_{2p^l}^*(1\leqslant l\leqslant m-1)$,可以得到 $\gcd(t,2p^l)=1$,因此

$$tD_i^{(2p^j)}=\begin{cases}D_i^{(2p^j)},t\in D_0^{(2p^l)}\\D_{i+1}^{(2p^j)},t\in D_1^{(2p^l)}\end{cases}$$

令 $r\in D_0^{(2p^m)}$ 为非负奇素数,则 r 分圆陪集定义为

$$C_{(b,2p^m)}=\{br^j(\bmod 2p^m)\mid j=0,1,\cdots,e-1\}$$

其中 e 为满足 $br^e=b(\bmod 2p^m)$ 的最小正整数.

令 α 是 $\mathbf{F}_r$ 某些扩域上的 $2p^m$ 次本原单位根,则 $\mathbf{F}_r$ 上 α^k 的极小多项式可以表示为

$$M_b(x)=\prod_{k\in C(b,2p^m)}(x-\alpha^k)$$

11.3　主要结果

一个参数为 $[[n,k]]$ 的量子纠错码将 k 个逻辑量子位编码成 n 个物理量子位;一个参数为 $(c_l,c_r)-[[n,k]]$ 的量子可同步码是一个 $[[n,k]]$ 的量子纠错码,它不仅能纠正由量子噪声引起的量子比特错误和相位错误,还可以纠正最多左偏移 c_l 位或最多右偏移 c_r 位的块同步错误. 下面定理给出了量子可同步码

① ZHANG Jingwei, ZHAO Changan, MA Xiao. Linear complexity of generalized cyclotomic binary sequences of length $2p^m$[J]. Applicable Algebra in Engineering, Communication and Computing, 2010, 21(2): 93-108.

的构造方法.

定理 1①　设 $\mathbf{F}_q$ 上长度为 n 的循环码 $C_1=\langle g_1(x)\rangle, C_2=\langle g_2(x)\rangle$ 的参数分别为 $[n,k_1,d_1]_q,[n,k_2,d_2]_q$,其中 $k_1<k_2$. 假设 $C_1^{\perp}\subseteq C_1\subset C_2$ 且 $f(x)=\dfrac{g_1(x)}{g_2(x)}$,那么将存在一个 $(c_l,c_r)-[[n+c_l+c_r,2k_1-n]]$ 量子可同步码,其能够纠正至少 $\left\lfloor\dfrac{d_2-1}{2}\right\rfloor$ 个比特错误和 $\left\lfloor\dfrac{d_1-1}{2}\right\rfloor$ 个相位错误,其中 c_l,c_r 为 2 个非负整数满足 $c_l+c_r<\mathrm{ord}(f(x))$.

$\mathrm{ord}(f(x))$ 记为 $\mathbf{F}_p$ 上多项式 $f(x)$ 的阶,即当 $f(0)\neq 0$ 时,有最小正整数 $e=\mathrm{ord}(f(x))$ 满足 $f(x)\mid x^e-1$. 当 $f(0)=0$ 时,则有 $f(x)=x^{\tau}g(x)$,其中 $g(x)\neq 0$,此时 $\mathrm{ord}(f(x))=\mathrm{ord}(g(x))$. 定理 1 中,由于 $g_1(x),g_2(x)$ 分别为循环码 C_1,C_2 的生成多项式,所以得到 $g_1(x),g_2(x)$ 均整除 x^n-1,因此 $f(x)$ 也整除 x^n-1,则以定理 1 的构造方法所得到的量子可同步码的纠正块同步错误能力的上界为 n.

根据定理 1,要想构造量子可同步码,首先需要构造出对偶包含码和增强码. 依据上面所给出的割圆类及分圆陪集,我们下面构造对偶包含码以及增强码并给出构造过程中所需要的相关理论及证明.

引理 3②　当 $p\equiv 1(\mathrm{mod}\ 4)$ 时,$-1\in D_0^{(2p^m)}$;当 $p\equiv 3(\mathrm{mod}\ 4)$ 时,$-1\in D_1^{(2p^m)}$.

引理③[引理2.8]　令 C 是 $\mathbf{F}_q$ 上长度为 n 的循环码,其生成多项式为 $g(x)$,则码 C 包含其对偶码当且仅当

$$g(x)=h_1(x)^{b_1}(h_1^*(x))^{c_1}h_2(x)^{b_2}(h_2^*(x))^{c_2}\cdots h_t(x)^{b_t}(h_t^*(x))^{c_t}$$

其中,$b_j,c_j\in[0,1]$,并且 $b_j+c_j\leqslant 1$;$h_j(x)$ 是 $g(x)$ 的一些不可约因子($1\leqslant j\leqslant t$).

由引理 4 可得,若一个循环码 $C=\langle g(x)\rangle$ 是对偶包含的当且仅当 $g(x)$ 在

---

① FUJIWARA Y, TONCHEV V D, WONG T W H. Algebraic techniques in designing quantum synchronizable codes[J]. Physical Review A, 2013, 88(1):012318.

② Burton D M. Elementary number theory[M]. 4th ed. New York: McGraw-Hill Companies, 1997.

③ WU Yansheng, YUE Qin, FAN Shuqin. Self-reciprocal and self - conjugate - reciprocal irreducible factors of $x^n-\lambda$ and their applications[J]. Finite Fields and Their Applications, 2020,63(10):101648.

$\mathbf{F}_q$ 上没有任何自反不可约因子.

引理 5　假设 $r \in D_0^{(2p^m)}$，令 $p \equiv 3 \pmod 4$ 且 2 为模 p^2 的本原根，$C_{D_i^{(2p^m)}}$ 是由 $g_{D_i^{(2p^m)}}(x)$ 生成的循环码，其中 $g_{D_i^{(2p^m)}}(x) = \prod_{j \in D_i^{(2p^m)}} (x - \alpha^j)$，则 $C_{D_i^{(2p^m)}}^{\perp} \subset C_{D_i^{(2p^m)}}$.

证明　由引理 3 可知，此条件下 $-1 \in D_1^{(2p^m)}$. 因为 $r \in D_0^{(2p^m)}$，所以 $r^s \equiv -1 \pmod{2p^m}$ 在 $\mathbf{Z}_{2p^m}$ 上无解，因此 $C_{(1,2p^m)} \neq C_{(-1,2p^m)}$，即在 $\mathbf{F}_r$ 上 $g_{D_i^{(2p^m)}}(x)$ 不包含任何自反不可约因子. 由引理 4 可知，$C_{D_i^{(2p^m)}}^{\perp} \subseteq C_{D_i^{(2p^m)}}$. 定理得证.

引理 6　假设 $r \in D_0^{(2p^m)}$ 且 $\mathrm{ord}_{2p^m}(r) = \varepsilon$，若 $(b, 2p^m) = 1$，则 $D_i^{(2p^m)}$ 可以表示为 $\delta = \dfrac{p^{m-1}(p-1)}{2\varepsilon}$ 个分圆陪集的并集，则相对应地，$C_{D_i^{(2p^m)}}$ 的生成多项式可以表示为

$$g_{D_i^{(2p^m)}}(x) = \prod_{u=1}^{\delta} M_{l_u}(x)$$

其中 $M_{l_u}(x)$ 为每个分圆陪集对应的不可约多项式.

证明　因为 $\mathrm{ord}_{2p^m}(r) = \varepsilon$，所以有 $r^{\varepsilon} \equiv 1 \pmod{2p^m}$. 又因为 $(b, 2p^m) = 1$，所以 ε 是使得 $br^{\varepsilon} \equiv b \pmod{2p^m}$ 成立的最小正整数，因此 $C_{(b,2p^m)}$ 叫分圆陪集中元素个数 $|C_{(b,2p^m)}| = \varepsilon$. 此外，由 $D_i^{(2p^m)} = \bigcup_{u=1}^{\delta} C_{(l_u,2p^m)}$ 可知 $g_{D_i^{(2p^m)}}(x) = \prod_{u=1}^{\delta} M_{l_u}(x)$，其中

$$\delta = \frac{|D_i^{(2p^m)}|}{|C_{(b,2p^m)}|} = \frac{p^{m-1}(p-1)}{2\varepsilon}$$

例 1　令 $p = 19, m = 1$，则 $n = 2p^m = 38$. 由 $\mathbf{Z}_{2p^m}$ 上的广义割圆类可知

$$D_0^{(38)} = \{1, 23, 35, 7, 9, 17, 11, 25, 5\}$$

取 $r = 7 \in D_0^{(38)}$，则 $\mathrm{ord}_{38}(7) = 3$. 由分圆陪集的定义可得

$$C_{(1,38)} = \{l, 7, 11\}, C_{(5,38)} = \{5, 35, 17\}, C_{(9,38)} = \{9, 25, 23\}$$

则 $D_0^{(38)}$ 可以表示为 3 个分圆陪集的并集，即

$$D_0^{(38)} = C_{(1,38)} \cup C_{(5,38)} \cup C_{(9,38)}$$

进一步，可以得到

$$g_{D_0^{(38)}} = M_1(x) M_5(x) M_9(x)$$

引理 7　令 $p \equiv 3 \pmod 4$，若 $C_{D_1^{(2p^m)}} = \langle g_{D_1^{(2p^m)}}(x) \rangle$，$C'_{D_i^{(2p^m)}} = \left\langle \dfrac{g_{D_i^{(2p^m)}}(x)}{\prod_{l_u \in \Omega} M_{l_u}(x)} \right\rangle$，

则有 $C_{D_i^{(2p^m)}} \subset C'_{D_i^{(2p^m)}}$,其中 Ω 为 $\{l_u \mid u=1,2,\cdots,\delta\}$ 的真子集.

证明 容易看出循环码 $C_{D_i^{(2p^m)}}$ 与 $C'_{D_i^{(2p^m)}}$ 生成多项式之间的关系为 $g'_{D_i^{(2p^m)}}(x) \mid g_{D_i^{(2p^m)}}(x)$,则此引理可以由增强码的定义直接得到.

例 2 令 $p=67, m=1$,则 $n=2p^m=134$. 取 $r=37\in D_0^{(134)}$,则 $\mathrm{ord}_{134}(37)=3$. 由 $\mathbf{Z}_{2p^m}$ 上的广义割圆类可知

$D_0^{(134)}=\{1,71,83,131,55,19,9,103,77,107,93,37,81,123,23,25,33,65,59,35,73,91,29,49,129,47,121,15,127,39,89,21,17\}$

令 C_1 的生成多项式为

$$g_1(x)=(x-\alpha)(x-\alpha^{37})(x-\alpha^{29})(x-\alpha^{9})(x-\alpha^{65})(x-\alpha^{127})$$

C_2 的生成多项式为

$$g_2(x)=(x-\alpha)(x-\alpha^{37})(x-\alpha^{29})$$

则 $C_1\subset C_2$.

利用 Magma 软件计算得到 C_1 的参数为 $[134,131,2]_{29}$,C_2 的参数为 $[134,128,2]_{29}$. 由 Hamming 界①可知,在 $\mathbf{F}_{29}$ 上参数为 $[134,131]_{29}$ 和 $[134,128]_{29}$ 码字最小距离的最大值分别为 3 和 5,因此,C_1 为几乎最优码.

引理 8② 令 $f(x)\mid(x^n-1)$,若 $f(x)$ 包含 $\phi_n(x)$ 的一些因子,则 $\mathrm{ord}(f(x))=n$,其中

$$\phi_n(x)=\prod_{i=1,\gcd(i,n)=1}^{n-1}(x-\alpha^i)$$

α 为 n 次本原单位根.

定理 2 令 $p\equiv 3(\mathrm{mod}\ 4)$ 且 $r\in D_0^{(2p^m)}$,对于任意的非负整数 c_1, c_r 满足 $c_1+c_r<2p^m$,可以构造出参数为 $(c_1,c_r)-[[2p^m+c_1+c_r, p^m-p^m-1+2|I|\varepsilon]]_r$ 且块同步能力总是最优值 $2p^m$ 的量子可同步码,其中,ε 为 r 模 $2p^m$ 的阶,I 为 $\{l_1, l_2,\cdots,l_\delta\}$ 的真子集,且 I 中元素个数满足 $0\leqslant|I|\leqslant\dfrac{p^m-1(p-1)}{2\varepsilon}-2$.

证明 由引理 5 可知,由 $g_{D_i^{(2p^m)}}(x)$ 生成的循环码 $C_{D_i^{(2p^m)}}$ 为对偶包含码. 由

---

① LING San, XING Chaoping. Coding theory: a first course[M]. Cambridge: Cambridge University Press, 2004.

② SHI Xiaoping, YUE Qin, HUANG Xinmei. Quantum synchronizable codes from the Whiteman's generalized cyclotomy[J]. Cryptography and Communications, 2021,13(5): 727-739.

引理 7 得，若 $g_{D_i^{(2p^m)}}(x)$ 在 $\mathbf{F}_r$ 上有 $\delta > 1$ 个不可约因子，则对偶包含码 $C_{D_i^{(2p^m)}}$ 具有增强码. 对于对偶包含码 $C_{D_i^{(2p^m)}}$ 的增强码 $C'_{D_i^{(2p^m)}}$，其参数为

$$\left[2p^m, 2p^m - \left(\frac{p^{m-1}(p-1)}{2} - |I|\varepsilon\right)\right]_r$$

进一步，取集合 I' 满足 $I \subset I' \subset \{l_1, l_2, \cdots, l_\delta\}$，可以得到循环码 $C'_{D_i^{(2p^m)}}$ 的增强码 $C''_{D_i^{(2p^m)}}$，其参数为

$$\left[2p^m, 2p^m - \left(\frac{p^{m-1}(p-1)}{2} - |I'|\varepsilon\right)\right]_r$$

因此，由上述条件可得，$|I| < |I'| < \delta$，则

$$0 \leqslant |I| \leqslant \delta - 2 = \frac{p^{m-1}(p-1)}{2\varepsilon} - 2$$

由定理 1 得，上述构造量子可同步码的参数为 $(c_l, c_r) - [[2p^m + c_l + c_r, p^m - p^{m-1} + 2|I|\varepsilon]]_r$. 此外，由本章中割圆的形式与性质可知，多项式 $f(x) = \frac{g'_{D_i^{(2p^m)}}(x)}{g''_{D_i^{(2p^m)}}(x)}$ 一定是 $2p^m$ 次分圆多项式的因子，其中 $g'_{D_i^{(2p^m)}}(x)$ 与 $g''_{D_i^{(2p^m)}}(x)$ 分别是 $C'_{D_i^{(2p^m)}}$ 与 $C''_{D_i^{(2p^m)}}$ 的生成多项式. 由引理 8 可得，$\mathrm{ord}(f(x)) = 2p^m$，因此此类量子可同步码的块同步能力总是最优的.

表 1 中给出一些块同步最优量子可同步码的例子.

表 1　具有最优块同步能力的量子可同步码

p	m	n	r	δ	块同步能力最优的量子可同步码
3	3	54	37	3	$[[54 + c_l + c_r, 30]]_{37}$
3	4	162	73	3	$[[162 + c_l + c_r, 90]]_{73}$
11	2	242	23	5	$[[242 + c_l + c_r, 198]]_{23}$
11	3	2 662	5	55	$[[2\,662 + c_l + c_r, 2\,398]]_5$
19	1	38	7	3	$[[38 + c_l + c_r, 30]]_7$
19	2	722	11	3	$[[722 + c_l + c_r, 570]]_{11}$
67	1	134	37	11	$[[134 + c_l + c_r, 126]]_{37}$

参考文献

[1] 坎布鲁，乔兰，卢卡，等. 分圆系数：间隙与跳跃[J]. 数论杂志，2016，163：211-237.

[2] HONG H, LI E, LI H S，等.（逆）分圆多项式中最大间隙[J]. 数论杂志，2012，132(10)：2297-2315.

[3] 卡普兰 N. 三阶的平坦分圆多项式[J]. 数论杂志，2007，127(1)：118-126.

[4] 莫里 P. 数值半群，分圆多项式与伯努利数[J]. 美国数学月刊，2014，121(10)：890-902.

[5] ZHANG B Z. 二元分圆多项式中最大间隙的摘要[J]. 罗马尼亚数学科学杂志数学版，2016，59(1)：109-115.

刘培杰数学工作室
已出版(即将出版)图书目录——初等数学

书　　名	出版时间	定　价	编号
新编中学数学解题方法全书(高中版)上卷(第2版)	2018－08	58.00	951
新编中学数学解题方法全书(高中版)中卷(第2版)	2018－08	68.00	952
新编中学数学解题方法全书(高中版)下卷(一)(第2版)	2018－08	58.00	953
新编中学数学解题方法全书(高中版)下卷(二)(第2版)	2018－08	58.00	954
新编中学数学解题方法全书(高中版)下卷(三)(第2版)	2018－08	68.00	955
新编中学数学解题方法全书(初中版)上卷	2008－01	28.00	29
新编中学数学解题方法全书(初中版)中卷	2010－07	38.00	75
新编中学数学解题方法全书(高考复习卷)	2010－01	48.00	67
新编中学数学解题方法全书(高考真题卷)	2010－01	38.00	62
新编中学数学解题方法全书(高考精华卷)	2011－03	68.00	118
新编平面解析几何解题方法全书(专题讲座卷)	2010－01	18.00	61
新编中学数学解题方法全书(自主招生卷)	2013－08	88.00	261
数学奥林匹克与数学文化(第一辑)	2006－05	48.00	4
数学奥林匹克与数学文化(第二辑)(竞赛卷)	2008－01	48.00	19
数学奥林匹克与数学文化(第二辑)(文化卷)	2008－07	58.00	36
数学奥林匹克与数学文化(第三辑)(竞赛卷)	2010－01	48.00	59
数学奥林匹克与数学文化(第四辑)(竞赛卷)	2011－08	58.00	87
数学奥林匹克与数学文化(第五辑)	2015－06	98.00	370
世界著名平面几何经典著作钩沉——几何作图专题卷(共3卷)	2022－01	198.00	1460
世界著名平面几何经典著作钩沉——民国平面几何老课本	2011－03	38.00	113
世界著名平面几何经典著作钩沉——建国初期平面三角老课本	2015－08	38.00	507
世界著名解析几何经典著作钩沉——平面解析几何卷	2014－01	38.00	264
世界著名数论经典著作钩沉——算术卷	2012－01	28.00	125
世界著名数学经典著作钩沉——立体几何卷	2011－02	28.00	88
世界著名三角学经典著作钩沉——平面三角卷Ⅰ	2010－06	28.00	69
世界著名三角学经典著作钩沉——平面三角卷Ⅱ	2011－01	38.00	78
世界著名初等数论经典著作钩沉——理论和实用算术卷	2011－07	38.00	126
世界著名几何经典著作钩沉——解析几何卷	2022－10	68.00	1564
发展你的空间想象力(第3版)	2021－01	98.00	1464
空间想象力进阶	2019－05	68.00	1062
走向国际数学奥林匹克的平面几何试题诠释.第1卷	2019－07	88.00	1043
走向国际数学奥林匹克的平面几何试题诠释.第2卷	2019－09	78.00	1044
走向国际数学奥林匹克的平面几何试题诠释.第3卷	2019－03	78.00	1045
走向国际数学奥林匹克的平面几何试题诠释.第4卷	2019－09	98.00	1046
平面几何证明方法全书	2007－08	48.00	1
平面几何证明方法全书习题解答(第2版)	2006－12	18.00	10
平面几何天天练上卷·基础篇(直线型)	2013－01	58.00	208
平面几何天天练中卷·基础篇(涉及圆)	2013－01	28.00	234
平面几何天天练下卷·提高篇	2013－01	58.00	237
平面几何专题研究	2013－07	98.00	258
平面几何解题之道.第1卷	2022－05	38.00	1494
几何学习题集	2020－10	48.00	1217
通过解题学习代数几何	2021－04	88.00	1301
最新世界各国数学奥林匹克中的平面几何试题	2007－09	38.00	14

刘培杰数学工作室
已出版(即将出版)图书目录——初等数学

书　　名	出版时间	定　价	编号
数学竞赛平面几何典型题及新颖解	2010—07	48.00	74
初等数学复习及研究(平面几何)	2008—09	68.00	38
初等数学复习及研究(立体几何)	2010—06	38.00	71
初等数学复习及研究(平面几何)习题解答	2009—01	58.00	42
几何学教程(平面几何卷)	2011—03	68.00	90
几何学教程(立体几何卷)	2011—07	68.00	130
几何变换与几何证题	2010—06	88.00	70
计算方法与几何证题	2011—06	28.00	129
立体几何技巧与方法(第2版)	2022—10	168.00	1572
几何瑰宝——平面几何500名题暨1500条定理(上、下)	2021—07	168.00	1358
三角形的解法与应用	2012—07	18.00	183
近代的三角形几何学	2012—07	48.00	184
一般折线几何学	2015—08	48.00	503
三角形的五心	2009—06	28.00	51
三角形的六心及其应用	2015—10	68.00	542
三角形趣谈	2012—08	28.00	212
解三角形	2014—01	28.00	265
三角函数	2024—10	38.00	1744
探秘三角形:一次数学旅行	2021—10	68.00	1387
三角学专门教程	2014—09	28.00	387
图天下几何新题试卷.初中(第2版)	2017—11	58.00	855
圆锥曲线习题集(上册)	2013—06	68.00	255
圆锥曲线习题集(中册)	2015—01	78.00	434
圆锥曲线习题集(下册·第1卷)	2016—10	78.00	683
圆锥曲线习题集(下册·第2卷)	2018—01	98.00	853
圆锥曲线习题集(下册·第3卷)	2019—10	128.00	1113
圆锥曲线的思想方法	2021—08	48.00	1379
圆锥曲线的八个主要问题	2021—10	48.00	1415
圆锥曲线的奥秘	2022—06	88.00	1541
论九点圆	2015—05	88.00	645
论圆的几何学	2024—06	48.00	1736
近代欧氏几何学	2012—03	48.00	162
罗巴切夫斯基几何学及几何基础概要	2012—07	28.00	188
罗巴切夫斯基几何学初步	2015—06	28.00	474
用三角、解析几何、复数、向量计算解数学竞赛几何题	2015—03	48.00	455
用解析法研究圆锥曲线的几何理论	2022—05	48.00	1495
美国中学几何教程	2015—04	88.00	458
三线坐标与三角形特征点	2015—04	98.00	460
坐标几何学基础.第1卷,笛卡儿坐标	2021—08	48.00	1398
坐标几何学基础.第2卷,三线坐标	2021—09	28.00	1399
平面解析几何方法与研究(第1卷)	2015—05	28.00	471
平面解析几何方法与研究(第2卷)	2015—06	38.00	472
平面解析几何方法与研究(第3卷)	2015—07	28.00	473
解析几何研究	2015—01	38.00	425
解析几何学教程.上	2016—01	38.00	574
解析几何学教程.下	2016—01	38.00	575
几何学基础	2016—01	58.00	581
初等几何研究	2015—02	58.00	444
十九和二十世纪欧氏几何学中的片段	2017—01	58.00	696
平面几何中考.高考.奥数一本通	2017—07	28.00	820
几何学简史	2017—08	28.00	833
四面体	2018—01	48.00	880
平面几何证明方法思路	2018—12	68.00	913
折纸中的几何练习	2022—09	48.00	1559
中学新几何学(英文)	2022—10	98.00	1562
线性代数与几何	2023—04	68.00	1633
四面体几何学引论	2023—06	68.00	1648

刘培杰数学工作室
已出版(即将出版)图书目录——初等数学

书　　名	出版时间	定　价	编号
平面几何图形特性新析.上篇	2019-01	68.00	911
平面几何图形特性新析.下篇	2018-06	88.00	912
平面几何范例多解探究.上篇	2018-04	48.00	910
平面几何范例多解探究.下篇	2018-12	68.00	914
从分析解题过程学解题:竞赛中的几何问题研究	2018-07	68.00	946
从分析解题过程学解题:竞赛中的向量几何与不等式研究(全2册)	2019-06	138.00	1090
从分析解题过程学解题:竞赛中的不等式问题	2021-01	48.00	1249
二维、三维欧氏几何的对偶原理	2018-12	38.00	990
星形大观及闭折线论	2019-03	68.00	1020
立体几何的问题和方法	2019-11	58.00	1127
三角代换论	2021-05	58.00	1313
俄罗斯平面几何问题集	2009-08	88.00	55
俄罗斯立体几何问题集	2014-03	58.00	283
俄罗斯几何大师——沙雷金论数学及其他	2014-01	48.00	271
来自俄罗斯的5000道几何习题及解答	2011-03	58.00	89
俄罗斯初等数学问题集	2012-05	38.00	177
俄罗斯函数问题集	2011-03	38.00	103
俄罗斯组合分析问题集	2011-01	48.00	79
俄罗斯初等数学万题选——三角卷	2012-11	38.00	222
俄罗斯初等数学万题选——代数卷	2013-08	68.00	225
俄罗斯初等数学万题选——几何卷	2014-01	68.00	226
俄罗斯《量子》杂志数学征解问题100题选	2018-08	48.00	969
俄罗斯《量子》杂志数学征解问题又100题选	2018-08	48.00	970
俄罗斯《量子》杂志数学征解问题	2020-05	48.00	1138
463个俄罗斯几何老问题	2012-01	28.00	152
《量子》数学短文精粹	2018-09	38.00	972
用三角、解析几何等计算解来自俄罗斯的几何题	2019-11	88.00	1119
基谢廖夫平面几何	2022-01	48.00	1461
基谢廖夫立体几何	2023-04	48.00	1599
数学:代数、数学分析和几何(10-11年级)	2021-01	48.00	1250
直观几何学:5—6年级	2022-04	58.00	1508
几何学:第2版.7—9年级	2023-08	68.00	1684
平面几何:9—11年级	2022-10	48.00	1571
立体几何.10—11年级	2022-01	58.00	1472
几何快递	2024-05	48.00	1697

谈谈素数	2011-03	18.00	91
平方和	2011-03	18.00	92
整数论	2011-05	38.00	120
从整数谈起	2015-10	28.00	538
数与多项式	2016-01	38.00	558
谈谈不定方程	2011-05	28.00	119
质数漫谈	2022-07	68.00	1529

解析不等式新论	2009-06	68.00	48
建立不等式的方法	2011-03	98.00	104
数学奥林匹克不等式研究(第2版)	2020-07	68.00	1181
不等式研究(第三辑)	2023-08	198.00	1673
不等式的秘密(第一卷)(第2版)	2014-02	38.00	286
不等式的秘密(第二卷)	2014-01	38.00	268
初等不等式的证明方法	2010-06	38.00	123
初等不等式的证明方法(第二版)	2014-11	38.00	407
不等式·理论·方法(基础卷)	2015-07	38.00	496
不等式·理论·方法(经典不等式卷)	2015-07	38.00	497
不等式·理论·方法(特殊类型不等式卷)	2015-07	48.00	498
不等式探究	2016-03	38.00	582
不等式探秘	2017-01	88.00	689

刘培杰数学工作室
已出版(即将出版)图书目录——初等数学

书　　名	出版时间	定　价	编号
四面体不等式	2017－01	68.00	715
数学奥林匹克中常见重要不等式	2017－09	38.00	845
三正弦不等式	2018－09	98.00	974
函数方程与不等式:解法与稳定性结果	2019－04	68.00	1058
数学不等式.第1卷,对称多项式不等式	2022－05	78.00	1455
数学不等式.第2卷,对称有理不等式与对称无理不等式	2022－05	88.00	1456
数学不等式.第3卷,循环不等式与非循环不等式	2022－05	88.00	1457
数学不等式.第4卷,Jensen不等式的扩展与加细	2022－05	88.00	1458
数学不等式.第5卷,创建不等式与解不等式的其他方法	2022－05	88.00	1459
不定方程及其应用.上	2018－12	58.00	992
不定方程及其应用.中	2019－01	78.00	993
不定方程及其应用.下	2019－02	98.00	994
Nesbitt不等式加强式的研究	2022－06	128.00	1527
最值定理与分析不等式	2023－02	78.00	1567
一类积分不等式	2023－02	88.00	1579
邦费罗尼不等式及概率应用	2023－05	58.00	1637
同余理论	2012－05	38.00	163
[x]与{x}	2015－04	48.00	476
极值与最值.上卷	2015－06	28.00	486
极值与最值.中卷	2015－06	38.00	487
极值与最值.下卷	2015－06	28.00	488
整数的性质	2012－11	38.00	192
完全平方数及其应用	2015－08	78.00	506
多项式理论	2015－10	88.00	541
奇数、偶数、奇偶分析法	2018－01	98.00	876
历届美国中学生数学竞赛试题及解答(第1卷)1950～1954	2014－07	18.00	277
历届美国中学生数学竞赛试题及解答(第2卷)1955～1959	2014－04	18.00	278
历届美国中学生数学竞赛试题及解答(第3卷)1960～1964	2014－06	18.00	279
历届美国中学生数学竞赛试题及解答(第4卷)1965～1969	2014－04	28.00	280
历届美国中学生数学竞赛试题及解答(第5卷)1970～1972	2014－06	18.00	281
历届美国中学生数学竞赛试题及解答(第6卷)1973～1980	2017－07	18.00	768
历届美国中学生数学竞赛试题及解答(第7卷)1981～1986	2015－01	18.00	424
历届美国中学生数学竞赛试题及解答(第8卷)1987～1990	2017－05	18.00	769
历届国际数学奥林匹克试题集	2023－09	158.00	1701
历届中国数学奥林匹克试题集(第3版)	2021－10	58.00	1440
历届加拿大数学奥林匹克试题集	2012－08	38.00	215
历届美国数学奥林匹克试题集	2023－08	98.00	1681
历届波兰数学竞赛试题集.第1卷,1949～1963	2015－03	18.00	453
历届波兰数学竞赛试题集.第2卷,1964～1976	2015－03	18.00	454
历届巴尔干数学奥林匹克试题集	2015－05	38.00	466
历届CGMO试题及解答	2024－03	48.00	1717
保加利亚数学奥林匹克	2014－10	38.00	393
圣彼得堡数学奥林匹克试题集	2015－01	38.00	429
匈牙利奥林匹克数学竞赛题解.第1卷	2016－05	28.00	593
匈牙利奥林匹克数学竞赛题解.第2卷	2016－05	28.00	594
历届美国数学邀请赛试题集(第2版)	2017－10	78.00	851
全美高中数学竞赛:纽约州数学竞赛(1989—1994)	2024－08	48.00	1740
普林斯顿大学数学竞赛	2016－06	38.00	669
亚太地区数学奥林匹克竞赛题	2015－07	18.00	492
日本历届(初级)广中杯数学竞赛试题及解答.第1卷(2000～2007)	2016－05	28.00	641
日本历届(初级)广中杯数学竞赛试题及解答.第2卷(2008～2015)	2016－05	38.00	642
越南数学奥林匹克题选:1962－2009	2021－07	48.00	1370
罗马尼亚大师杯数学竞赛试题及解答	2024－09	48.00	1746
欧洲女子数学奥林匹克	2024－04	48.00	1723
360个数学竞赛问题	2016－08	58.00	677

刘培杰数学工作室
已出版(即将出版)图书目录——初等数学

书　　名	出版时间	定　价	编号
奥数最佳实战题.上卷	2017－06	38.00	760
奥数最佳实战题.下卷	2017－05	58.00	761
解决问题的策略	2024－08	48.00	1742
哈尔滨市早期中学数学竞赛试题汇编	2016－07	28.00	672
全国高中数学联赛试题及解答:1981—2019(第4版)	2020－07	138.00	1176
2024年全国高中数学联合竞赛模拟题集	2024－01	38.00	1702
20世纪50年代全国部分城市数学竞赛试题汇编	2017－07	28.00	797
国内外数学竞赛题及精解:2018—2019	2020－08	45.00	1192
国内外数学竞赛题及精解:2019—2020	2021－11	58.00	1439
许康华竞赛优学精选集.第一辑	2018－08	68.00	949
天问叶班数学问题征解100题.Ⅰ,2016－2018	2019－05	88.00	1075
天问叶班数学问题征解100题.Ⅱ,2017－2019	2020－07	98.00	1177
美国初中数学竞赛:AMC8准备(共6卷)	2019－07	138.00	1089
美国高中数学竞赛:AMC10准备(共6卷)	2019－08	158.00	1105
王连笑教你怎样学数学:高考选择题解题策略与客观题实用训练	2014－01	48.00	262
王连笑教你怎样学数学:高考数学高层次讲座	2015－02	48.00	432
高考数学的理论与实践	2009－08	38.00	53
高考数学核心题型解题方法与技巧	2010－01	28.00	86
高考思维新平台	2014－03	38.00	259
高考数学压轴题解题诀窍(上)(第2版)	2018－01	58.00	874
高考数学压轴题解题诀窍(下)(第2版)	2018－01	48.00	875
突破高考数学新定义创新压轴题	2024－08	88.00	1741
北京市五区文科数学三年高考模拟题详解:2013～2015	2015－08	48.00	500
北京市五区理科数学三年高考模拟题详解:2013～2015	2015－09	68.00	505
向量法巧解数学高考题	2009－08	28.00	54
高中数学课堂教学的实践与反思	2021－11	48.00	791
数学高考参考	2016－01	78.00	589
新课程标准高考数学解答题各种题型解法指导	2020－08	78.00	1196
全国及各省市高考数学试题审题要津与解法研究	2015－02	48.00	450
高中数学章节起始课的教学研究与案例设计	2019－05	28.00	1064
新课标高考数学——五年试题分章详解(2007～2011)(上、下)	2011－10	78.00	140,141
全国中考数学压轴题审题要津与解法研究	2013－04	78.00	248
新编全国及各省市中考数学压轴题审题要津与解法研究	2014－05	58.00	342
全国及各省市5年中考数学压轴题审题要津与解法研究(2015版)	2015－04	58.00	462
中考数学专题总复习	2007－04	28.00	6
中考数学较难题常考题型解题方法与技巧	2016－09	48.00	681
中考数学难题常考题型解题方法与技巧	2016－09	48.00	682
中考数学中档题常考题型解题方法与技巧	2017－08	68.00	835
中考数学选择填空压轴好题妙解365	2024－01	80.00	1698
中考数学:三类重点考题的解法例析与习题	2020－04	48.00	1140
中小学数学的历史文化	2019－11	48.00	1124
小升初衔接数学	2024－06	68.00	1734
赢在小升初——数学	2024－08	78.00	1739
初中平面几何百题多思创新解	2020－01	58.00	1125
初中数学中考备考	2020－01	58.00	1126
高考数学之九章演义	2019－08	68.00	1044
高考数学之难题谈笑间	2022－06	68.00	1519
化学可以这样学:高中化学知识方法智慧感悟疑难辨析	2019－07	58.00	1103
如何成为学习高手	2019－09	58.00	1107
高考数学:经典真题分类解析	2020－04	78.00	1134
高考数学解答题破解策略	2020－11	58.00	1221
从分析解题过程学解题:高考压轴题与竞赛题之关系探究	2020－08	88.00	1179
从分析解题过程学解题:数学高考与竞赛的互联互通探究	2024－06	88.00	1735
教学新思考:单元整体视角下的初中数学教学设计	2021－03	58.00	1278
思维再拓展:2020年经典几何题的多解探究与思考	即将出版		1279
中考数学小压轴汇编初讲	2017－07	48.00	788
中考数学大压轴专题微言	2017－09	48.00	846

刘培杰数学工作室
已出版(即将出版)图书目录——初等数学

书　　名	出版时间	定　价	编号
怎么解中考平面几何探索题	2019－06	48.00	1093
北京中考数学压轴题解题方法突破(第 9 版)	2024－01	78.00	1645
助你高考成功的数学解题智慧:知识是智慧的基础	2016－01	58.00	596
助你高考成功的数学解题智慧:错误是智慧的试金石	2016－04	58.00	643
助你高考成功的数学解题智慧:方法是智慧的推手	2016－04	68.00	657
高考数学奇思妙解	2016－04	38.00	610
高考数学解题策略	2016－05	48.00	670
数学解题泄天机(第 2 版)	2017－10	48.00	850
高中物理教学讲义	2018－01	48.00	871
高中物理教学讲义:全模块	2022－03	98.00	1492
高中物理答疑解惑 65 篇	2021－11	48.00	1462
中学物理基础问题解析	2020－08	48.00	1183
初中数学、高中数学脱节知识补缺教材	2017－06	48.00	766
高考数学客观题解题方法和技巧	2017－10	38.00	847
十年高考数学精品试题审题要津与解法研究	2021－10	98.00	1427
中国历届高考数学试题及解答.1949－1979	2018－01	38.00	877
历届中国高考数学试题及解答.第二卷,1980—1989	2018－10	28.00	975
历届中国高考数学试题及解答.第三卷,1990—1999	2018－10	48.00	976
跟我学解高中数学题	2018－07	58.00	926
中学数学研究的方法及案例	2018－05	58.00	869
高考数学抢分技能	2018－07	68.00	934
高一新生常用数学方法和重要数学思想提升教材	2018－06	38.00	921
高考数学全国卷六道解答题常考题型解题诀窍:理科(全 2 册)	2019－07	78.00	1101
高考数学全国卷 16 道选择、填空题常考题型解题诀窍.理科	2018－09	88.00	971
高考数学全国卷 16 道选择、填空题常考题型解题诀窍.文科	2020－01	88.00	1123
高中数学一题多解	2019－06	58.00	1087
历届中国高考数学试题及解答:1917－1999	2021－08	118.00	1371
2000～2003 年全国及各省市高考数学试题及解答	2022－05	88.00	1499
2004 年全国及各省市高考数学试题及解答	2023－08	78.00	1500
2005 年全国及各省市高考数学试题及解答	2023－08	78.00	1501
2006 年全国及各省市高考数学试题及解答	2023－08	88.00	1502
2007 年全国及各省市高考数学试题及解答	2023－08	98.00	1503
2008 年全国及各省市高考数学试题及解答	2023－08	88.00	1504
2009 年全国及各省市高考数学试题及解答	2023－08	88.00	1505
2010 年全国及各省市高考数学试题及解答	2023－08	98.00	1506
2011～2017 年全国及各省市高考数学试题及解答	2024－01	78.00	1507
2018～2023 年全国及各省市高考数学试题及解答	2024－03	78.00	1709
突破高原:高中数学解题思维探究	2021－08	48.00	1375
高考数学中的"取值范围"	2021－10	48.00	1429
新课程标准高中数学各种题型解法大全.必修一分册	2021－06	58.00	1315
新课程标准高中数学各种题型解法大全.必修二分册	2022－01	68.00	1471
高中数学各种题型解法大全.选择性必修一分册	2022－06	68.00	1525
高中数学各种题型解法大全.选择性必修二分册	2023－01	58.00	1600
高中数学各种题型解法大全.选择性必修三分册	2023－04	48.00	1643
高中数学专题研究	2024－05	88.00	1722
历届全国初中数学竞赛经典试题详解	2023－04	88.00	1624
孟祥礼高考数学精刷精解	2023－06	98.00	1663

新编 640 个世界著名数学智力趣题	2014－01	88.00	242
500 个最新世界著名数学智力趣题	2008－06	48.00	3
400 个最新世界著名数学最值问题	2008－09	48.00	36
500 个世界著名数学征解问题	2009－06	48.00	52
400 个中国最佳初等数学征解老问题	2010－01	48.00	60
500 个俄罗斯数学经典老题	2011－01	28.00	81
1000 个国外中学物理好题	2012－04	48.00	174
300 个日本高考数学题	2012－05	38.00	142
700 个早期日本高考数学试题	2017－02	88.00	752

刘培杰数学工作室
已出版(即将出版)图书目录——初等数学

书　　名	出版时间	定　价	编号
500 个前苏联早期高考数学试题及解答	2012—05	28.00	185
546 个早期俄罗斯大学生数学竞赛题	2014—03	38.00	285
548 个来自美苏的数学好问题	2014—11	28.00	396
20 所苏联著名大学早期入学试题	2015—02	18.00	452
161 道德国工科大学生必做的微分方程习题	2015—05	28.00	469
500 个德国工科大学生必做的高数习题	2015—06	28.00	478
360 个数学竞赛问题	2016—08	58.00	677
200 个趣味数学故事	2018—02	48.00	857
470 个数学奥林匹克中的最值问题	2018—10	88.00	985
德国讲义日本考题.微积分卷	2015—04	48.00	456
德国讲义日本考题.微分方程卷	2015—04	38.00	457
二十世纪中叶中、英、美、日、法、俄高考数学试题精选	2017—06	38.00	783
中国初等数学研究　2009 卷(第 1 辑)	2009—05	20.00	45
中国初等数学研究　2010 卷(第 2 辑)	2010—05	30.00	68
中国初等数学研究　2011 卷(第 3 辑)	2011—07	60.00	127
中国初等数学研究　2012 卷(第 4 辑)	2012—07	48.00	190
中国初等数学研究　2014 卷(第 5 辑)	2014—02	48.00	288
中国初等数学研究　2015 卷(第 6 辑)	2015—06	68.00	493
中国初等数学研究　2016 卷(第 7 辑)	2016—04	68.00	609
中国初等数学研究　2017 卷(第 8 辑)	2017—01	98.00	712
初等数学研究在中国.第 1 辑	2019—03	158.00	1024
初等数学研究在中国.第 2 辑	2019—10	158.00	1116
初等数学研究在中国.第 3 辑	2021—05	158.00	1306
初等数学研究在中国.第 4 辑	2022—06	158.00	1520
初等数学研究在中国.第 5 辑	2023—07	158.00	1635
几何变换(Ⅰ)	2014—07	28.00	353
几何变换(Ⅱ)	2015—06	28.00	354
几何变换(Ⅲ)	2015—01	38.00	355
几何变换(Ⅳ)	2015—12	38.00	356
初等数论难题集(第一卷)	2009—05	68.00	44
初等数论难题集(第二卷)(上、下)	2011—02	128.00	82,83
数论概貌	2011—03	18.00	93
代数数论(第二版)	2013—08	58.00	94
代数多项式	2014—06	38.00	289
初等数论的知识与问题	2011—02	28.00	95
超越数论基础	2011—03	28.00	96
数论初等教程	2011—03	28.00	97
数论基础	2011—03	18.00	98
数论基础与维诺格拉多夫	2014—03	18.00	292
解析数论基础	2012—08	28.00	216
解析数论基础(第二版)	2014—01	48.00	287
解析数论问题集(第二版)(原版引进)	2014—05	88.00	343
解析数论问题集(第二版)(中译本)	2016—04	88.00	607
解析数论基础(潘承洞,潘承彪著)	2016—07	98.00	673
解析数论导引	2016—07	58.00	674
数论入门	2011—03	38.00	99
代数数论入门	2015—03	38.00	448

刘培杰数学工作室
已出版(即将出版)图书目录——初等数学

书　　名	出版时间	定　价	编号
数论开篇	2012—07	28.00	194
解析数论引论	2011—03	48.00	100
Barban Davenport Halberstam 均值和	2009—01	40.00	33
基础数论	2011—03	28.00	101
初等数论 100 例	2011—05	18.00	122
初等数论经典例题	2012—07	18.00	204
最新世界各国数学奥林匹克中的初等数论试题(上、下)	2012—01	138.00	144,145
初等数论(Ⅰ)	2012—01	18.00	156
初等数论(Ⅱ)	2012—01	18.00	157
初等数论(Ⅲ)	2012—01	28.00	158
平面几何与数论中未解决的新老问题	2013—01	68.00	229
代数数论简史	2014—11	28.00	408
代数数论	2015—09	88.00	532
代数、数论及分析习题集	2016—11	98.00	695
数论导引提要及习题解答	2016—01	48.00	559
素数定理的初等证明. 第 2 版	2016—09	48.00	686
数论中的模函数与狄利克雷级数(第二版)	2017—11	78.00	837
数论:数学导引	2018—01	68.00	849
范氏大代数	2019—02	98.00	1016
解析数学讲义. 第一卷,导来式及微分、积分、级数	2019—04	88.00	1021
解析数学讲义. 第二卷,关于几何的应用	2019—04	68.00	1022
解析数学讲义. 第三卷,解析函数论	2019—04	78.00	1023
分析·组合·数论纵横谈	2019—04	58.00	1039
Hall 代数:民国时期的中学数学课本:英文	2019—08	88.00	1106
基谢廖夫初等代数	2022—07	38.00	1531
基谢廖夫算术	2024—05	48.00	1725
数学精神巡礼	2019—01	58.00	731
数学眼光透视(第 2 版)	2017—06	78.00	732
数学思想领悟(第 2 版)	2018—01	68.00	733
数学方法溯源(第 2 版)	2018—08	68.00	734
数学解题引论	2017—05	58.00	735
数学史话览胜(第 2 版)	2017—01	48.00	736
数学应用展观(第 2 版)	2017—08	68.00	737
数学建模尝试	2018—04	48.00	738
数学竞赛采风	2018—01	68.00	739
数学测评探营	2019—05	58.00	740
数学技能操握	2018—03	48.00	741
数学欣赏拾趣	2018—02	48.00	742
从毕达哥拉斯到怀尔斯	2007—10	48.00	9
从迪利克雷到维斯卡尔迪	2008—01	48.00	21
从哥德巴赫到陈景润	2008—05	98.00	35
从庞加莱到佩雷尔曼	2011—08	138.00	136
博弈论精粹	2008—03	58.00	30
博弈论精粹. 第二版(精装)	2015—01	88.00	461
数学 我爱你	2008—01	28.00	20
精神的圣徒　别样的人生——60 位中国数学家成长的历程	2008—09	48.00	39
数学史概论	2009—06	78.00	50

刘培杰数学工作室
已出版(即将出版)图书目录——初等数学

书　　名	出版时间	定　价	编号
数学史概论(精装)	2013－03	158.00	272
数学史选讲	2016－01	48.00	544
斐波那契数列	2010－02	28.00	65
数学拼盘和斐波那契魔方	2010－07	38.00	72
斐波那契数列欣赏(第2版)	2018－08	58.00	948
Fibonacci 数列中的明珠	2018－06	58.00	928
数学的创造	2011－02	48.00	85
数学美与创造力	2016－01	48.00	595
数海拾贝	2016－01	48.00	590
数学中的美(第2版)	2019－04	68.00	1057
数论中的美学	2014－12	38.00	351
数学王者　科学巨人——高斯	2015－01	28.00	428
振兴祖国数学的圆梦之旅:中国初等数学研究史话	2015－06	98.00	490
二十世纪中国数学史料研究	2015－10	48.00	536
《九章算法比类大全》校注	2024－06	198.00	1695
数字谜、数阵图与棋盘覆盖	2016－01	58.00	298
数学概念的进化:一个初步的研究	2023－07	68.00	1683
数学发现的艺术:数学探索中的合情推理	2016－07	58.00	671
活跃在数学中的参数	2016－07	48.00	675
数海趣史	2021－05	98.00	1314
玩转幻中之幻	2023－08	88.00	1682
数学艺术品	2023－09	98.00	1685
数学博弈与游戏	2023－10	68.00	1692
数学解题——靠数学思想给力(上)	2011－07	38.00	131
数学解题——靠数学思想给力(中)	2011－07	48.00	132
数学解题——靠数学思想给力(下)	2011－07	38.00	133
我怎样解题	2013－01	48.00	227
数学解题中的物理方法	2011－06	28.00	114
数学解题的特殊方法	2011－06	48.00	115
中学数学计算技巧(第2版)	2020－10	48.00	1220
中学数学证明方法	2012－01	58.00	117
数学趣题巧解	2012－03	28.00	128
高中数学教学通鉴	2015－05	58.00	479
和高中生漫谈:数学与哲学的故事	2014－08	28.00	369
算术问题集	2017－03	38.00	789
张教授讲数学	2018－07	38.00	933
陈永明实话实说数学教学	2020－04	68.00	1132
中学数学学科知识与教学能力	2020－06	58.00	1155
怎样把课讲好:大罕数学教学随笔	2022－03	58.00	1484
中国高考评价体系下高考数学探秘	2022－03	48.00	1487
数苑漫步	2024－01	58.00	1670
自主招生考试中的参数方程问题	2015－01	28.00	435
自主招生考试中的极坐标问题	2015－04	28.00	463
近年全国重点大学自主招生数学试题全解及研究.华约卷	2015－02	38.00	441
近年全国重点大学自主招生数学试题全解及研究.北约卷	2016－05	38.00	619
自主招生数学解证宝典	2015－09	48.00	535
中国科学技术大学创新班数学真题解析	2022－03	48.00	1488
中国科学技术大学创新班物理真题解析	2022－03	58.00	1489
格点和面积	2012－07	18.00	191
射影几何趣谈	2012－04	28.00	175
斯潘纳尔引理——从一道加拿大数学奥林匹克试题谈起	2014－01	28.00	228
李普希兹条件——从几道近年高考数学试题谈起	2012－10	18.00	221
拉格朗日中值定理——从一道北京高考试题的解法谈起	2015－10	18.00	197

刘培杰数学工作室
已出版(即将出版)图书目录——初等数学

书　名	出版时间	定　价	编号
闵科夫斯基定理——从一道清华大学自主招生试题谈起	2014－01	28.00	198
哈尔测度——从一道冬令营试题的背景谈起	2012－08	28.00	202
切比雪夫逼近问题——从一道中国台北数学奥林匹克试题谈起	2013－04	38.00	238
伯恩斯坦多项式与贝齐尔曲面——从一道全国高中数学联赛试题谈起	2013－03	38.00	236
卡塔兰猜想——从一道普特南竞赛试题谈起	2013－06	18.00	256
麦卡锡函数和阿克曼函数——从一道前南斯拉夫数学奥林匹克试题谈起	2012－08	18.00	201
贝蒂定理与拉姆贝克莫斯尔定理——从一个拣石子游戏谈起	2012－08	18.00	217
皮亚诺曲线和豪斯道夫分球定理——从无限集谈起	2012－08	18.00	211
平面凸图形与凸多面体	2012－10	28.00	218
斯坦因豪斯问题——从一道二十五省市自治区中学数学竞赛试题谈起	2012－07	18.00	196
纽结理论中的亚历山大多项式与琼斯多项式——从一道北京市高一数学竞赛试题谈起	2012－07	28.00	195
原则与策略——从波利亚"解题表"谈起	2013－04	38.00	244
转化与化归——从三大尺规作图不能问题谈起	2012－08	28.00	214
代数几何中的贝祖定理(第一版)——从一道IMO试题的解法谈起	2013－08	18.00	193
成功连贯理论与约当块理论——从一道比利时数学竞赛试题谈起	2012－04	18.00	180
素数判定与大数分解	2014－08	18.00	199
置换多项式及其应用	2012－10	18.00	220
椭圆函数与模函数——从一道美国加州大学洛杉矶分校(UCLA)博士资格考题谈起	2012－10	28.00	219
差分方程的拉格朗日方法——从一道2011年全国高考理科试题的解法谈起	2012－08	28.00	200
力学在几何中的一些应用	2013－01	38.00	240
从根式解到伽罗华理论	2020－01	48.00	1121
康托洛维奇不等式——从一道全国高中联赛试题谈起	2013－03	28.00	337
拉克斯定理和阿廷定理——从一道IMO试题的解法谈起	2014－01	58.00	246
毕卡大定理——从一道美国大学数学竞赛试题谈起	2014－07	18.00	350
拉格朗日乘子定理——从一道2005年全国高中联赛试题的高等数学解法谈起	2015－05	28.00	480
雅可比定理——从一道日本数学奥林匹克试题谈起	2013－04	48.00	249
李天岩－约克定理——从一道波兰数学竞赛试题谈起	2014－06	28.00	349
受控理论与初等不等式：从一道IMO试题的解法谈起	2023－03	48.00	1601
布劳维不动点定理——从一道前苏联数学奥林匹克试题谈起	2014－01	38.00	273
莫德尔－韦伊定理——从一道日本数学奥林匹克试题谈起	2024－10	48.00	1602
斯蒂尔杰斯积分——从一道国际大学生数学竞赛试题的解法谈起	2024－10	68.00	1605
切博塔廖夫猜想——从一道1978年全国高中数学竞赛试题谈起	2024－10	38.00	1606
卡西尼卵形线：从一道高中数学期中考试试题谈起	2024－10	48.00	1607
格罗斯问题：亚纯函数的唯一性问题	2024－10	48.00	1608
布格尔问题——从一道第6届全国中学生物理竞赛预赛试题谈起	2024－09	68.00	1609
多项式逼近问题——从一道美国大学生数学竞赛试题谈起	2024－10	48.00	1748
中国剩余定理：总数法构建中国历史年表	2015－01	28.00	430
牛顿程序与方程求根——从一道全国高考试题解法谈起	即将出版		
库默尔定理——从一道IMO预选试题谈起	即将出版		
卢丁定理——从一道冬令营试题的解法谈起	即将出版		
沃斯滕霍姆定理——从一道IMO预选试题谈起	即将出版		
卡尔松不等式——从一道莫斯科数学奥林匹克试题谈起	即将出版		
信息论中的香农熵——从一道近年高考压轴题谈起	即将出版		

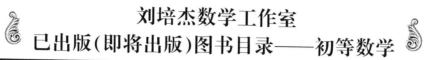

刘培杰数学工作室
已出版(即将出版)图书目录——初等数学

书 名	出版时间	定 价	编号
约当不等式——从一道希望杯竞赛试题谈起	即将出版		
拉比诺维奇定理	即将出版		
刘维尔定理——从一道《美国数学月刊》征解问题的解法谈起	即将出版		
卡塔兰恒等式与级数求和——从一道 IMO 试题的解法谈起	即将出版		
勒让德猜想与素数分布——从一道爱尔兰竞赛试题谈起	即将出版		
天平称重与信息论——从一道基辅市数学奥林匹克试题谈起	即将出版		
哈密尔顿一凯莱定理:从一道高中数学联赛试题的解法谈起	2014—09	18.00	376
艾思特曼定理——从一道 CMO 试题的解法谈起	即将出版		
阿贝尔恒等式与经典不等式及应用	2018—06	98.00	923
迪利克雷除数问题	2018—07	48.00	930
幻方、幻立方与拉丁方	2019—08	48.00	1092
帕斯卡三角形	2014—03	18.00	294
蒲丰投针问题——从 2009 年清华大学的一道自主招生试题谈起	2014—01	38.00	295
斯图姆定理——从一道"华约"自主招生试题的解法谈起	2014—01	18.00	296
许瓦兹引理——从一道加利福尼亚大学伯克利分校数学系博士生试题谈起	2014—08	18.00	297
拉姆塞定理——从王诗宬院士的一个问题谈起	2016—04	48.00	299
坐标法	2013—12	28.00	332
数论三角形	2014—04	38.00	341
毕克定理	2014—07	18.00	352
数林掠影	2014—09	48.00	389
我们周围的概率	2014—10	38.00	390
凸函数最值定理:从一道华约自主招生题的解法谈起	2014—10	28.00	391
易学与数学奥林匹克	2014—10	38.00	392
生物数学趣谈	2015—01	18.00	409
反演	2015—01	28.00	420
因式分解与圆锥曲线	2015—01	18.00	426
轨迹	2015—01	28.00	427
面积原理:从常庚哲命的一道 CMO 试题的积分解法谈起	2015—01	48.00	431
形形色色的不动点定理:从一道 28 届 IMO 试题谈起	2015—01	38.00	439
柯西函数方程:从一道上海交大自主招生的试题谈起	2015—02	28.00	440
三角恒等式	2015—02	28.00	442
无理性判定:从一道 2014 年"北约"自主招生试题谈起	2015—01	38.00	443
数学归纳法	2015—03	18.00	451
极端原理与解题	2015—04	28.00	464
法雷级数	2014—08	18.00	367
摆线族	2015—01	38.00	438
函数方程及其解法	2015—05	38.00	470
含参数的方程和不等式	2012—09	28.00	213
希尔伯特第十问题	2016—01	38.00	543
无穷小量的求和	2016—01	28.00	545
切比雪夫多项式:从一道清华大学金秋营试题谈起	2016—01	38.00	583
泽肯多夫定理	2016—03	38.00	599
代数等式证题法	2016—01	28.00	600
三角等式证题法	2016—01	28.00	601
吴大任教授藏书中的一个因式分解公式:从一道美国数学邀请赛试题的解法谈起	2016—06	28.00	656
易卦——类万物的数学模型	2017—08	68.00	838
"不可思议"的数与数系可持续发展	2018—01	38.00	878
最短线	2018—01	38.00	879
数学在天文、地理、光学、机械力学中的一些应用	2023—03	88.00	1576
从阿基米德三角形谈起	2023—01	28.00	1578

刘培杰数学工作室
已出版(即将出版)图书目录——初等数学

书　　名	出版时间	定　价	编号
幻方和魔方(第一卷)	2012—05	68.00	173
尘封的经典——初等数学经典文献选读(第一卷)	2012—07	48.00	205
尘封的经典——初等数学经典文献选读(第二卷)	2012—07	38.00	206
初级方程式论	2011—03	28.00	106
初等数学研究(Ⅰ)	2008—09	68.00	37
初等数学研究(Ⅱ)(上、下)	2009—05	118.00	46,47
初等数学专题研究	2022—10	68.00	1568
趣味初等方程妙题集锦	2014—09	48.00	388
趣味初等数论选美与欣赏	2015—02	48.00	445
耕读笔记(上卷):一位农民数学爱好者的初数探索	2015—04	28.00	459
耕读笔记(中卷):一位农民数学爱好者的初数探索	2015—05	28.00	483
耕读笔记(下卷):一位农民数学爱好者的初数探索	2015—05	28.00	484
几何不等式研究与欣赏.上卷	2016—01	88.00	547
几何不等式研究与欣赏.下卷	2016—01	48.00	552
初等数列研究与欣赏·上	2016—01	48.00	570
初等数列研究与欣赏·下	2016—01	48.00	571
趣味初等函数研究与欣赏.上	2016—09	48.00	684
趣味初等函数研究与欣赏.下	2018—09	48.00	685
三角不等式研究与欣赏	2020—10	68.00	1197
新编平面解析几何解题方法研究与欣赏	2021—10	78.00	1426
火柴游戏(第2版)	2022—05	38.00	1493
智力解谜.第1卷	2017—07	38.00	613
智力解谜.第2卷	2017—07	38.00	614
故事智力	2016—07	48.00	615
名人们喜欢的智力问题	2020—01	48.00	616
数学大师的发现、创造与失误	2018—01	48.00	617
异曲同工	2018—09	48.00	618
数学的味道(第2版)	2023—10	68.00	1686
数学千字文	2018—10	68.00	977
数贝偶拾——高考数学题研究	2014—04	28.00	274
数贝偶拾——初等数学研究	2014—04	38.00	275
数贝偶拾——奥数题研究	2014—04	48.00	276
钱昌本教你快乐学数学(上)	2011—12	48.00	155
钱昌本教你快乐学数学(下)	2012—03	58.00	171
集合、函数与方程	2014—01	28.00	300
数列与不等式	2014—01	38.00	301
三角与平面向量	2014—01	28.00	302
平面解析几何	2014—01	38.00	303
立体几何与组合	2014—01	28.00	304
极限与导数、数学归纳法	2014—01	38.00	305
趣味数学	2014—03	28.00	306
教材教法	2014—04	68.00	307
自主招生	2014—05	58.00	308
高考压轴题(上)	2015—01	48.00	309
高考压轴题(下)	2014—10	68.00	310

刘培杰数学工作室
已出版(即将出版)图书目录——初等数学

书　名	出版时间	定　价	编号
从费马到怀尔斯——费马大定理的历史	2013—10	198.00	Ⅰ
从庞加莱到佩雷尔曼——庞加莱猜想的历史	2013—10	298.00	Ⅱ
从切比雪夫到爱尔特希(上)——素数定理的初等证明	2013—07	48.00	Ⅲ
从切比雪夫到爱尔特希(下)——素数定理 100 年	2012—12	98.00	Ⅲ
从高斯到盖尔方特——二次域的高斯猜想	2013—10	198.00	Ⅳ
从库默尔到朗兰兹——朗兰兹猜想的历史	2014—01	98.00	Ⅴ
从比勃巴赫到德布朗斯——比勃巴赫猜想的历史	2014—02	298.00	Ⅵ
从麦比乌斯到陈省身——麦比乌斯变换与麦比乌斯带	2014—02	298.00	Ⅶ
从布尔到豪斯道夫——布尔方程与格论漫谈	2013—10	198.00	Ⅷ
从开普勒到阿诺德——三体问题的历史	2014—05	298.00	Ⅸ
从华林到华罗庚——华林问题的历史	2013—10	298.00	Ⅹ
美国高中数学竞赛五十讲.第 1 卷(英文)	2014—08	28.00	357
美国高中数学竞赛五十讲.第 2 卷(英文)	2014—08	28.00	358
美国高中数学竞赛五十讲.第 3 卷(英文)	2014—09	28.00	359
美国高中数学竞赛五十讲.第 4 卷(英文)	2014—09	28.00	360
美国高中数学竞赛五十讲.第 5 卷(英文)	2014—10	28.00	361
美国高中数学竞赛五十讲.第 6 卷(英文)	2014—11	28.00	362
美国高中数学竞赛五十讲.第 7 卷(英文)	2014—12	28.00	363
美国高中数学竞赛五十讲.第 8 卷(英文)	2015—01	28.00	364
美国高中数学竞赛五十讲.第 9 卷(英文)	2015—01	28.00	365
美国高中数学竞赛五十讲.第 10 卷(英文)	2015—02	38.00	366
三角函数(第 2 版)	2017—04	38.00	626
不等式	2014—01	38.00	312
数列	2014—01	38.00	313
方程(第 2 版)	2017—04	38.00	624
排列和组合	2014—01	28.00	315
极限与导数(第 2 版)	2016—04	38.00	635
向量(第 2 版)	2018—08	58.00	627
复数及其应用	2014—08	28.00	318
函数	2014—01	38.00	319
集合	2020—01	48.00	320
直线与平面	2014—01	28.00	321
立体几何(第 2 版)	2016—04	38.00	629
解三角形	即将出版		323
直线与圆(第 2 版)	2016—11	38.00	631
圆锥曲线(第 2 版)	2016—09	48.00	632
解题通法(一)	2014—07	38.00	326
解题通法(二)	2014—07	38.00	327
解题通法(三)	2014—05	38.00	328
概率与统计	2014—01	28.00	329
信息迁移与算法	即将出版		330

刘培杰数学工作室
已出版(即将出版)图书目录——初等数学

书　名	出版时间	定　价	编号
IMO 50 年. 第 1 卷(1959—1963)	2014—11	28.00	377
IMO 50 年. 第 2 卷(1964—1968)	2014—11	28.00	378
IMO 50 年. 第 3 卷(1969—1973)	2014—09	28.00	379
IMO 50 年. 第 4 卷(1974—1978)	2016—04	38.00	380
IMO 50 年. 第 5 卷(1979—1984)	2015—04	38.00	381
IMO 50 年. 第 6 卷(1985—1989)	2015—04	58.00	382
IMO 50 年. 第 7 卷(1990—1994)	2016—01	48.00	383
IMO 50 年. 第 8 卷(1995—1999)	2016—06	38.00	384
IMO 50 年. 第 9 卷(2000—2004)	2015—04	58.00	385
IMO 50 年. 第 10 卷(2005—2009)	2016—01	48.00	386
IMO 50 年. 第 11 卷(2010—2015)	2017—03	48.00	646
数学反思(2006—2007)	2020—09	88.00	915
数学反思(2008—2009)	2019—01	68.00	917
数学反思(2010—2011)	2018—05	58.00	916
数学反思(2012—2013)	2019—01	58.00	918
数学反思(2014—2015)	2019—03	78.00	919
数学反思(2016—2017)	2021—03	58.00	1286
数学反思(2018—2019)	2023—01	88.00	1593
历届美国大学生数学竞赛试题集. 第一卷(1938—1949)	2015—01	28.00	397
历届美国大学生数学竞赛试题集. 第二卷(1950—1959)	2015—01	28.00	398
历届美国大学生数学竞赛试题集. 第三卷(1960—1969)	2015—01	28.00	399
历届美国大学生数学竞赛试题集. 第四卷(1970—1979)	2015—01	18.00	400
历届美国大学生数学竞赛试题集. 第五卷(1980—1989)	2015—01	28.00	401
历届美国大学生数学竞赛试题集. 第六卷(1990—1999)	2015—01	28.00	402
历届美国大学生数学竞赛试题集. 第七卷(2000—2009)	2015—08	18.00	403
历届美国大学生数学竞赛试题集. 第八卷(2010—2012)	2015—01	18.00	404
新课标高考数学创新题解题诀窍:总论	2014—09	28.00	372
新课标高考数学创新题解题诀窍:必修 1～5 分册	2014—08	38.00	373
新课标高考数学创新题解题诀窍:选修 2—1,2—2,1—1,1—2分册	2014—09	38.00	374
新课标高考数学创新题解题诀窍:选修 2—3,4—4,4—5分册	2014—09	18.00	375
全国重点大学自主招生英文数学试题全攻略:词汇卷	2015—07	48.00	410
全国重点大学自主招生英文数学试题全攻略:概念卷	2015—01	28.00	411
全国重点大学自主招生英文数学试题全攻略:文章选读卷(上)	2016—09	38.00	412
全国重点大学自主招生英文数学试题全攻略:文章选读卷(下)	2017—01	58.00	413
全国重点大学自主招生英文数学试题全攻略:试题卷	2015—07	38.00	414
全国重点大学自主招生英文数学试题全攻略:名著欣赏卷	2017—03	48.00	415
劳埃德数学趣题大全. 题目卷. 1:英文	2016—01	18.00	516
劳埃德数学趣题大全. 题目卷. 2:英文	2016—01	18.00	517
劳埃德数学趣题大全. 题目卷. 3:英文	2016—01	18.00	518
劳埃德数学趣题大全. 题目卷. 4:英文	2016—01	18.00	519
劳埃德数学趣题大全. 题目卷. 5:英文	2016—01	18.00	520
劳埃德数学趣题大全. 答案卷:英文	2016—01	18.00	521

刘培杰数学工作室
已出版(即将出版)图书目录——初等数学

书 名	出版时间	定 价	编号
李成章教练奥数笔记. 第 1 卷	2016—01	48.00	522
李成章教练奥数笔记. 第 2 卷	2016—01	48.00	523
李成章教练奥数笔记. 第 3 卷	2016—01	38.00	524
李成章教练奥数笔记. 第 4 卷	2016—01	38.00	525
李成章教练奥数笔记. 第 5 卷	2016—01	38.00	526
李成章教练奥数笔记. 第 6 卷	2016—01	38.00	527
李成章教练奥数笔记. 第 7 卷	2016—01	38.00	528
李成章教练奥数笔记. 第 8 卷	2016—01	48.00	529
李成章教练奥数笔记. 第 9 卷	2016—01	28.00	530
第 19～23 届"希望杯"全国数学邀请赛试题审题要津详细评注(初一版)	2014—03	28.00	333
第 19～23 届"希望杯"全国数学邀请赛试题审题要津详细评注(初二、初三版)	2014—03	38.00	334
第 19～23 届"希望杯"全国数学邀请赛试题审题要津详细评注(高一版)	2014—03	28.00	335
第 19～23 届"希望杯"全国数学邀请赛试题审题要津详细评注(高二版)	2014—03	38.00	336
第 19～25 届"希望杯"全国数学邀请赛试题审题要津详细评注(初一版)	2015—01	38.00	416
第 19～25 届"希望杯"全国数学邀请赛试题审题要津详细评注(初二、初三版)	2015—01	58.00	417
第 19～25 届"希望杯"全国数学邀请赛试题审题要津详细评注(高一版)	2015—01	48.00	418
第 19～25 届"希望杯"全国数学邀请赛试题审题要津详细评注(高二版)	2015—01	48.00	419
物理奥林匹克竞赛大题典——力学卷	2014—11	48.00	405
物理奥林匹克竞赛大题典——热学卷	2014—04	28.00	339
物理奥林匹克竞赛大题典——电磁学卷	2015—07	48.00	406
物理奥林匹克竞赛大题典——光学与近代物理卷	2014—06	28.00	345
历届中国东南地区数学奥林匹克试题及解答	2024—06	68.00	1724
历届中国西部地区数学奥林匹克试题集(2001～2012)	2014—07	18.00	347
历届中国女子数学奥林匹克试题集(2002～2012)	2014—08	18.00	348
数学奥林匹克在中国	2014—06	98.00	344
数学奥林匹克问题集	2014—01	38.00	267
数学奥林匹克不等式散论	2010—06	38.00	124
数学奥林匹克不等式欣赏	2011—09	38.00	138
数学奥林匹克超级题库(初中卷上)	2010—01	58.00	66
数学奥林匹克不等式证明方法和技巧(上、下)	2011—08	158.00	134,135
他们学什么:原民主德国中学数学课本	2016—09	38.00	658
他们学什么:英国中学数学课本	2016—09	38.00	659
他们学什么:法国中学数学课本. 1	2016—09	38.00	660
他们学什么:法国中学数学课本. 2	2016—09	28.00	661
他们学什么:法国中学数学课本. 3	2016—09	38.00	662
他们学什么:苏联中学数学课本	2016—09	28.00	679

刘培杰数学工作室
已出版(即将出版)图书目录——初等数学

书　名	出版时间	定　价	编号
高中数学题典——集合与简易逻辑·函数	2016－07	48.00	647
高中数学题典——导数	2016－07	48.00	648
高中数学题典——三角函数·平面向量	2016－07	48.00	649
高中数学题典——数列	2016－07	58.00	650
高中数学题典——不等式·推理与证明	2016－07	38.00	651
高中数学题典——立体几何	2016－07	48.00	652
高中数学题典——平面解析几何	2016－07	78.00	653
高中数学题典——计数原理·统计·概率·复数	2016－07	48.00	654
高中数学题典——算法·平面几何·初等数论·组合数学·其他	2016－07	68.00	655

台湾地区奥林匹克数学竞赛试题．小学一年级	2017－03	38.00	722
台湾地区奥林匹克数学竞赛试题．小学二年级	2017－03	38.00	723
台湾地区奥林匹克数学竞赛试题．小学三年级	2017－03	38.00	724
台湾地区奥林匹克数学竞赛试题．小学四年级	2017－03	38.00	725
台湾地区奥林匹克数学竞赛试题．小学五年级	2017－03	38.00	726
台湾地区奥林匹克数学竞赛试题．小学六年级	2017－03	38.00	727
台湾地区奥林匹克数学竞赛试题．初中一年级	2017－03	38.00	728
台湾地区奥林匹克数学竞赛试题．初中二年级	2017－03	38.00	729
台湾地区奥林匹克数学竞赛试题．初中三年级	2017－03	28.00	730

不等式证题法	2017－04	28.00	747
平面几何培优教程	2019－08	88.00	748
奥数鼎级培优教程．高一分册	2018－09	88.00	749
奥数鼎级培优教程．高二分册．上	2018－04	68.00	750
奥数鼎级培优教程．高二分册．下	2018－04	68.00	751
高中数学竞赛冲刺宝典	2019－04	68.00	883

初中尖子生数学超级题典．实数	2017－07	58.00	792
初中尖子生数学超级题典．式、方程与不等式	2017－08	58.00	793
初中尖子生数学超级题典．圆、面积	2017－08	38.00	794
初中尖子生数学超级题典．函数、逻辑推理	2017－08	48.00	795
初中尖子生数学超级题典．角、线段、三角形与多边形	2017－07	58.00	796

数学王子——高斯	2018－01	48.00	858
坎坷奇星——阿贝尔	2018－01	48.00	859
闪烁奇星——伽罗瓦	2018－01	58.00	860
无穷统帅——康托尔	2018－01	48.00	861
科学公主——柯瓦列夫斯卡娅	2018－01	48.00	862
抽象代数之母——埃米·诺特	2018－01	48.00	863
电脑先驱——图灵	2018－01	58.00	864
昔日神童——维纳	2018－01	48.00	865
数坛怪侠——爱尔特希	2018－01	68.00	866
传奇数学家徐利治	2019－09	88.00	1110

刘培杰数学工作室
已出版(即将出版)图书目录——初等数学

书　　名	出版时间	定　价	编号
当代世界中的数学.数学思想与数学基础	2019－01	38.00	892
当代世界中的数学.数学问题	2019－01	38.00	893
当代世界中的数学.应用数学与数学应用	2019－01	38.00	894
当代世界中的数学.数学王国的新疆域(一)	2019－01	38.00	895
当代世界中的数学.数学王国的新疆域(二)	2019－01	38.00	896
当代世界中的数学.数林撷英(一)	2019－01	38.00	897
当代世界中的数学.数林撷英(二)	2019－01	48.00	898
当代世界中的数学.数学之路	2019－01	38.00	899
105 个代数问题:来自 AwesomeMath 夏季课程	2019－02	58.00	956
106 个几何问题:来自 AwesomeMath 夏季课程	2020－07	58.00	957
107 个几何问题:来自 AwesomeMath 全年课程	2020－07	58.00	958
108 个代数问题:来自 AwesomeMath 全年课程	2019－01	68.00	959
109 个不等式:来自 AwesomeMath 夏季课程	2019－04	58.00	960
110 个几何问题:选自各国数学奥林匹克竞赛	2024－04	58.00	961
111 个代数和数论问题	2019－05	58.00	962
112 个组合问题:来自 AwesomeMath 夏季课程	2019－05	58.00	963
113 个几何不等式:来自 AwesomeMath 夏季课程	2020－08	58.00	964
114 个指数和对数问题:来自 AwesomeMath 夏季课程	2019－09	48.00	965
115 个三角问题:来自 AwesomeMath 夏季课程	2019－09	58.00	966
116 个代数不等式:来自 AwesomeMath 全年课程	2019－04	58.00	967
117 个多项式问题:来自 AwesomeMath 夏季课程	2021－09	58.00	1409
118 个数学竞赛不等式	2022－08	78.00	1526
119 个三角问题	2024－05	58.00	1726
119 个三角问题	2024－05	58.00	1726
紫色彗星国际数学竞赛试题	2019－02	58.00	999
数学竞赛中的数学:为数学爱好者、父母、教师和教练准备的丰富资源.第一部	2020－04	58.00	1141
数学竞赛中的数学:为数学爱好者、父母、教师和教练准备的丰富资源.第二部	2020－07	48.00	1142
和与积	2020－10	38.00	1219
数论:概念和问题	2020－12	68.00	1257
初等数学问题研究	2021－03	48.00	1270
数学奥林匹克中的欧几里得几何	2021－10	68.00	1413
数学奥林匹克题解新编	2022－01	58.00	1430
图论入门	2022－09	58.00	1554
新的、更新的、最新的不等式	2023－07	58.00	1650
几何不等式相关问题	2024－04	58.00	1721
数学归纳法——一种高效而简捷的证明方法	2024－06	48.00	1738
数学竞赛中奇妙的多项式	2024－01	78.00	1646
120 个奇妙的代数问题及 20 个奖励问题	2024－04	48.00	1647
几何不等式相关问题	2024－04	58.00	1721
数学竞赛中的十个代数主题	2024－10	58.00	1745

刘培杰数学工作室
已出版(即将出版)图书目录——初等数学

书　　名	出版时间	定　价	编号
澳大利亚中学数学竞赛试题及解答(初级卷)1978～1984	2019－02	28.00	1002
澳大利亚中学数学竞赛试题及解答(初级卷)1985～1991	2019－02	28.00	1003
澳大利亚中学数学竞赛试题及解答(初级卷)1992～1998	2019－02	28.00	1004
澳大利亚中学数学竞赛试题及解答(初级卷)1999～2005	2019－02	28.00	1005
澳大利亚中学数学竞赛试题及解答(中级卷)1978～1984	2019－03	28.00	1006
澳大利亚中学数学竞赛试题及解答(中级卷)1985～1991	2019－03	28.00	1007
澳大利亚中学数学竞赛试题及解答(中级卷)1992～1998	2019－03	28.00	1008
澳大利亚中学数学竞赛试题及解答(中级卷)1999～2005	2019－03	28.00	1009
澳大利亚中学数学竞赛试题及解答(高级卷)1978～1984	2019－05	28.00	1010
澳大利亚中学数学竞赛试题及解答(高级卷)1985～1991	2019－05	28.00	1011
澳大利亚中学数学竞赛试题及解答(高级卷)1992～1998	2019－05	28.00	1012
澳大利亚中学数学竞赛试题及解答(高级卷)1999～2005	2019－05	28.00	1013

天才中小学生智力测验题.第一卷	2019－03	38.00	1026
天才中小学生智力测验题.第二卷	2019－03	38.00	1027
天才中小学生智力测验题.第三卷	2019－03	38.00	1028
天才中小学生智力测验题.第四卷	2019－03	38.00	1029
天才中小学生智力测验题.第五卷	2019－03	38.00	1030
天才中小学生智力测验题.第六卷	2019－03	38.00	1031
天才中小学生智力测验题.第七卷	2019－03	38.00	1032
天才中小学生智力测验题.第八卷	2019－03	38.00	1033
天才中小学生智力测验题.第九卷	2019－03	38.00	1034
天才中小学生智力测验题.第十卷	2019－03	38.00	1035
天才中小学生智力测验题.第十一卷	2019－03	38.00	1036
天才中小学生智力测验题.第十二卷	2019－03	38.00	1037
天才中小学生智力测验题.第十三卷	2019－03	38.00	1038

重点大学自主招生数学备考全书:函数	2020－05	48.00	1047
重点大学自主招生数学备考全书:导数	2020－08	48.00	1048
重点大学自主招生数学备考全书:数列与不等式	2019－10	78.00	1049
重点大学自主招生数学备考全书:三角函数与平面向量	2020－08	68.00	1050
重点大学自主招生数学备考全书:平面解析几何	2020－07	58.00	1051
重点大学自主招生数学备考全书:立体几何与平面几何	2019－08	48.00	1052
重点大学自主招生数学备考全书:排列组合·概率统计·复数	2019－09	48.00	1053
重点大学自主招生数学备考全书:初等数论与组合数学	2019－08	48.00	1054
重点大学自主招生数学备考全书:重点大学自主招生真题.上	2019－04	68.00	1055
重点大学自主招生数学备考全书:重点大学自主招生真题.下	2019－04	58.00	1056

高中数学竞赛培训教程:平面几何问题的求解方法与策略.上	2018－05	68.00	906
高中数学竞赛培训教程:平面几何问题的求解方法与策略.下	2018－06	78.00	907
高中数学竞赛培训教程:整除与同余以及不定方程	2018－01	88.00	908
高中数学竞赛培训教程:组合计数与组合极值	2018－04	48.00	909
高中数学竞赛培训教程:初等代数	2019－04	78.00	1042
高中数学讲座:数学竞赛基础教程(第一册)	2019－06	48.00	1094
高中数学讲座:数学竞赛基础教程(第二册)	即将出版		1095
高中数学讲座:数学竞赛基础教程(第三册)	即将出版		1096
高中数学讲座:数学竞赛基础教程(第四册)	即将出版		1097

刘培杰数学工作室
已出版(即将出版)图书目录——初等数学

书　　名	出版时间	定　价	编号
新编中学数学解题方法 1000 招丛书. 实数(初中版)	2022—05	58.00	1291
新编中学数学解题方法 1000 招丛书. 式(初中版)	2022—05	48.00	1292
新编中学数学解题方法 1000 招丛书. 方程与不等式(初中版)	2021—04	58.00	1293
新编中学数学解题方法 1000 招丛书. 函数(初中版)	2022—05	38.00	1294
新编中学数学解题方法 1000 招丛书. 角(初中版)	2022—05	48.00	1295
新编中学数学解题方法 1000 招丛书. 线段(初中版)	2022—05	48.00	1296
新编中学数学解题方法 1000 招丛书. 三角形与多边形(初中版)	2021—04	48.00	1297
新编中学数学解题方法 1000 招丛书. 圆(初中版)	2022—05	48.00	1298
新编中学数学解题方法 1000 招丛书. 面积(初中版)	2021—07	28.00	1299
新编中学数学解题方法 1000 招丛书. 逻辑推理(初中版)	2022—06	48.00	1300

高中数学题典精编. 第一辑. 函数	2022—01	58.00	1444
高中数学题典精编. 第一辑. 导数	2022—01	68.00	1445
高中数学题典精编. 第一辑. 三角函数・平面向量	2022—01	68.00	1446
高中数学题典精编. 第一辑. 数列	2022—01	58.00	1447
高中数学题典精编. 第一辑. 不等式・推理与证明	2022—01	58.00	1448
高中数学题典精编. 第一辑. 立体几何	2022—01	58.00	1449
高中数学题典精编. 第一辑. 平面解析几何	2022—01	68.00	1450
高中数学题典精编. 第一辑. 统计・概率・平面几何	2022—01	58.00	1451
高中数学题典精编. 第一辑. 初等数论・组合数学・数学文化・解题方法	2022—01	58.00	1452

历届全国初中数学竞赛试题分类解析. 初等代数	2022—09	98.00	1555
历届全国初中数学竞赛试题分类解析. 初等数论	2022—09	48.00	1556
历届全国初中数学竞赛试题分类解析. 平面几何	2022—09	38.00	1557
历届全国初中数学竞赛试题分类解析. 组合	2022—09	38.00	1558

从三道高三数学模拟题的背景谈起:兼谈傅里叶三角级数	2023—03	48.00	1651
从一道日本东京大学的入学试题谈起:兼谈 π 的方方面面	即将出版		1652
从两道 2021 年福建高三数学测试题谈起:兼谈球面几何学与球面三角学	即将出版		1653
从一道湖南高考数学试题谈起:兼谈有界变差数列	2024—01	48.00	1654
从一道高校自主招生试题谈起:兼谈詹森函数方程	即将出版		1655
从一道上海高考数学试题谈起:兼谈有界变差函数	即将出版		1656
从一道北京大学金秋营数学试题的解法谈起:兼谈伽罗瓦理论	2024—10	38.00	1657
从一道北京高考数学试题的解法谈起:兼谈毕克定理	即将出版		1658
从一道北京大学金秋营数学试题的解法谈起:兼谈帕塞瓦尔恒等式	2024—10	68.00	1659
从一道高三数学模拟测试题的背景谈起:兼谈等周问题与等周不等式	即将出版		1660
从一道 2020 年全国高考数学试题的解法谈起:兼谈斐波那契数列和纳卡穆拉定理及奥斯图达定理	即将出版		1661
从一道高考数学附加题谈起:兼谈广义斐波那契数列	即将出版		1662

刘培杰数学工作室
已出版(即将出版)图书目录——初等数学

书名	出版时间	定价	编号
从一道普通高中学业水平考试中数学卷的压轴题谈起——兼谈最佳逼近理论	2024—10	58.00	1759
从一道高考数学试题谈起——兼谈李普希兹条件	即将出版		1760
从一道北京市朝阳区高三期末数学考试题的解法谈起——兼谈希尔宾斯基垫片和分形几何	即将出版		1761
从一道高考数学试题谈起——兼谈巴拿赫压缩不动点定理	即将出版		1762
从一道中国台湾地区高考数学试题谈起——兼谈费马数与计算数论	即将出版		1763
从 2022 年全国高考数学压轴题的解法谈起——兼谈数值计算中的帕德逼近	即将出版		1764
从一道清华大学 2022 年强基计划数学测试题的解法谈起——兼谈拉马努金恒等式	即将出版		1765
从一篇有关数学建模的讲义谈起——兼谈信息熵与信息论	即将出版		1766
从一道清华大学自主招生的数学试题谈起——兼谈格点与闵可夫斯基定理	即将出版		1767
从一道 1979 年高考数学试题谈起——兼谈勾股定理和毕达哥拉斯定理	即将出版		1768
从一道 2020 年北京大学"强基计划"数学试题谈起——兼谈微分几何中的包络问题	即将出版		1769
从一道高考数学试题谈起——兼谈香农的信息理论	即将出版		1770

代数学教程.第一卷,集合论	2023—08	58.00	1664
代数学教程.第二卷,抽象代数基础	2023—08	68.00	1665
代数学教程.第三卷,数论原理	2023—08	58.00	1666
代数学教程.第四卷,代数方程式论	2023—08	48.00	1667
代数学教程.第五卷,多项式理论	2023—08	58.00	1668
代数学教程.第六卷,线性代数原理	2024—06	98.00	1669

中考数学培优教程——二次函数卷	2024—05	78.00	1718
中考数学培优教程——平面几何最值卷	2024—05	58.00	1719
中考数学培优教程——专题讲座卷	2024—05	58.00	1720

联系地址:哈尔滨市南岗区复华四道街 10 号　**哈尔滨工业大学出版社刘培杰数学工作室**

邮　　编:150006

联系电话:0451—86281378　　13904613167

E-mail:lpj1378@163.com